微电网稳定性建模与分析

董树锋　徐一帆　林立亨◎编著

Modeling and Analysis
of Microgrid Stability

ZHEJIANG UNIVERSITY PRESS
浙江大学出版社

内容简介

本书是对微电网相关成果的总结与思考。第1章对微电网及其稳定性进行了概述,介绍了其定义和分类;第2章至第3章为微电网稳定性分析的基础,其中第2章介绍了微电网主要架构的常用建模,第3章分析了微电网潮流计算;第4章至第7章详细介绍了微电网各类稳定性,包括常用方法及其原理,并用算例进行了分析;第8章介绍了一些最新的微电网相关研究成果。本书注重全面运用线性代数、电路原理、概率论等电气工程专业基础知识解决微电网稳定性建模与分析中的问题,同时穿插了具体案例的介绍,以便读者更好地理解和掌握相关知识点。全书除了介绍了微电网稳定性的基本知识,同时也适当介绍了相关领域最新的研究成果,其中不乏对方法背后所蕴含数学原理的详细推导,尽量做到深入浅出,使读者不仅能够掌握解决微电网稳定性问题的方法,而且能够达到"知其然,也知其所以然"的效果。

本书适合高等院校电气工程及其自动化专业的本科或专科学生学习,也非常适合从事微电网稳定性研究和电气工程应用行业的工作者用作自学参考书。

图书在版编目(CIP)数据

微电网稳定性建模与分析 / 董树锋等编著. —杭州:
浙江大学出版社,2020.12(2025.6重印)
 ISBN 978-7-308-20850-5

Ⅰ.①微… Ⅱ.①董… Ⅲ.①电力系统稳定—系统建模 ②电力系统稳定—系统分析 Ⅳ.①M712

中国版本图书馆 CIP 数据核字(2020)第 237774 号

微电网稳定性建模与分析

董树锋 徐一帆 林立亨 编著

责任编辑	王 波
责任校对	吴昌雷
封面设计	续设计
出版发行	浙江大学出版社
	(杭州市天目山路 148 号 邮政编码 310007)
	(网址:http://www.zjupress.com)
排 版	杭州青翊图文设计有限公司
印 刷	浙江新华数码印务有限公司
开 本	787mm×1092mm 1/16
印 张	11.25
字 数	278 千
版 印 次	2020 年 12 月第 1 版 2025 年 6 月第 2 次印刷
书 号	ISBN 978-7-308-20850-5
定 价	48.00 元

前　言

本书出版的初衷

随着科技及工业技术的不断发展，全球能源危机日渐严峻，传统燃料的短缺及其引起的环境污染问题也日益加剧。与此同时，以太阳能、风能和生物质能为主的可再生能源技术的不断提升及逐渐成熟，为解决能源危机提供了一条新的道路，许多国家均将目光投向以可再生能源为能量来源的分布式发电。与传统的大型集中式发配电模式相比较，分布式发电技术具有独立性、可对区域电网的电能质量和性能进行实时控制、投资少、安装地点灵活、建设周期短、能源利用率高及环境污染小等优势。但是，可再生分布式能源具有随机性和波动性，可控性较差，并且会改变传统电网的单向潮流格局，影响了电网的可靠性。因此，分布式电源的大规模应用及接入也会给传统电网带来巨大的挑战及冲击。为了更好地利用分布式电源，微电网的概念孕育而生。

微电网是指由分布式电源、能量转换装置、负荷、监控和保护装置等汇集而成的小型发配电系统，是一个能够实现自我控制和管理的自治系统。其内部可能包含微型燃气轮机以及风光可再生能源等多种发电系统，可能既包含常规电力负荷，又包含家居或者商业建筑中的冷、热负荷。系统正常情况下工作在并网模式，通过联络点与外部电网连接，当断开与主网联络时，系统能够运行在孤网模式下，持续对微电网内的重要负荷供电。凭借微电网的运行控制和能量管理等关键技术，可以实现其并网或孤岛运行，降低间歇性分布式电源给配电网带来的不利影响，最大限度地利用分布式电源出力，提高供电可靠性和电能质量。微电网可以看作是对大电网的有益补充，可以经济有效地解决偏远地区的供电问题，避免单一供电模式造成的地区电网薄弱和大面积停电事故，提高供电系统的安全性、灵活性和可靠性，可以实现节能减排，是能源发展的方向。

然而，基于旋转型电机作为发电机的传统电力系统与微电网系统在结构、运行方式等许多方面存在不同，因此微电网系统在建模、潮流计算和稳定性方面与传统电力系统存在较大差异。传统电力系统的稳定性研究方法可能难以适用于微电网系统，微电网在这方面的研究进展还有很大的不足，有待于进一步研究。由于微电网中多含有间歇性分布式电源，以及大量电力电子设备，电力电子化凸出，因此相对于传统电网，微电网的稳定性问题更加显著，是运行控制中必须解决的首要关键问题。与传统电力系统稳定性问题的定义和分类相似，微电网稳定性也可以分为电压稳定性、小干扰稳定性和暂态稳定性，并存在更加严峻的随机稳定问题。

目前电力系统书籍大多是对输配电网理论和研究成果的总结或对供配电系统的设备和运行规则的介绍，与微电网相关的较少，并且基本是有关控制方面的，极少有专门介绍微电网稳定性相关内容的，理论高度和深度均达不到培养高端人才的要求。上述情况导致目前电气工程及其自动化专业毕业的高校学生对微电网尤其是其稳定性所知甚少，而随着国家对微电网的重视和投入的增加，国家电网和南方电网等国企未来需要大量的了解微电网的人才，高校培养人才与社会需要之间存在一些脱节的情况。本着与时俱进、适应新的形势的精神，编者萌生了编写这本书的念头，以弥补电气工程及其自动化专业缺乏适合学生学习的微电网书籍的不足。

与现有书籍相比，本书有如下特点：1）专门针对电气工程及其自动化专业学生，对读者基础水平要求较低；2）提供大量微电网稳定性分析的算例，理论结合实践，深入浅出，更利于本科生学习和掌握；3）完整地介绍了微电网的概念、研究方法、模型、稳定性分析，能够让读者对微电网有非常详尽的了解。

本书是微电网最新研究成果的总结与思考，是经过十余年科研与教学相长之后的产物，希望能够得到读者的喜爱。

如何使用本书

本书适合高等院校电气工程及其自动化专业的本科生或专科生阅读、学习，也非常适合从事微电网稳定性研究和电气工程应用行业的工作者用作自学参考书。本书循序渐进，简明易懂，便于自学，若具有主动配电网分析的基础，则对本书某些内容的理解更加容易。

本书每一章内容结构都保持统一，以方便读者阅读和参考。每一章以概述性的文字介绍开始，跟着是一系列与主题相关的内容和应用的介绍，最后做出必要的总结。在讲解微电网稳定性之前，先介绍了微电网的数学建模以及潮流计算，作为稳定性分析的基础，之后逐层递进，先介绍确定性稳定分析中的电压稳定、小干扰稳定性和暂态稳定，然后介绍更加复杂的随机稳定，在讲解每一种微电网相关知识时都从其基本概念以及数学模型出发，给出详细的推导过程，之后再以实例进行分析，具体说明如何利用介绍的研究方法对实际算例进行分析，希望使读者能够完全理解本书所讲解的微电网稳定性相关内容，并学会如何将这些方法运用于实际问题中。在讲解微电网电压稳定、小干扰稳定、暂态稳定和随机稳定等实际微电网稳定性问题时，首先介绍这些问题的来源，使读者对微电网稳定性中的问题有更多直观的认识；然后介绍具体的分析思路和求解方法；最后适当选取并介绍了与微电网稳定性相关的最新研究成果，使读者对如何解决微电网稳定性的实际问题有更深刻的体会。本书第 1 章至第 3 章为微电网的基本知识，第 4 章至第 8 章在一定程度上每章相互独立，读者可以根据自身学习需要或研究方向选择感兴趣的部分阅读，微电网稳定性相关从业人员在解决实际问题时也可以应用本书的分析方法。

内容提要

第 1 章 "绪论"，界定了微电网稳定性建模与分析课程讨论的范围，综述了微电网的发展以及国内外研究现状，介绍了微电网的常见分类和结构特征，最后概括了其稳定性的定义、分类、发展概况以及与传统电网的区别。

第 2 章 "微电网建模"，对微电网运行所需的基本要素进行抽象总结并建立数学模型，具体针对分布式电源和储能元件模型、网络模型、随机因素模型与控制策略模型四个方面对微电网进行了详细的建模。

第 3 章 "微电网潮流计算"，首先针对不同类型的微电网，对交流、直流、交直流微电网的潮流计算模型进行了建模，然后针对建立的模型，介绍了几种鲁棒性强、适用于微电网潮流计算的求解算法，最后通过算例分析对介绍的计算模型与算法进行了应用。

第 4 章 "微电网电压稳定性分析"，介绍了连续潮流算法与非线性规划法两大类电压稳定性分析方法，并且针对微电网中常见的不确定性计算，在两种电压稳定分析方法中穿插介绍了不同的随机因素处理方法。

第5章"微电网小干扰稳定性分析"，对微电网小干扰稳定性进行了定义，分析了产生原因，介绍了常用研究方法及其原理，详细讲解了其中的特征值分析法，并介绍了提高微电网小干扰稳定性的有效措施，最后用一个算例进行了分析。

第6章"微电网暂态稳定性分析"，首先对微电网暂态稳定性进行了概述，分析了其影响因素，介绍了微电网暂态稳定性分析的常用方法，并详细讲解了其中的时域仿真法，进一步介绍了提高微电网暂态稳定性的有效措施，最后进行了实例分析。

第7章"微电网随机稳定性分析"，首先介绍了随机稳定相关的基础理论知识，包括随机过程、积分和微分，并讲解了随机微分方程的解法，介绍了随机稳定的原理、常用分析模型以及解决方法，并进行了算例分析。

第8章"微电网最新技术"，介绍了目前国内网微电网稳定性的最新研究成果，包括引入功率微分项方法抑制振荡方法、提高直流微电网稳定性的并网换流器串联虚拟阻抗方法、微电网电压稳定裕度快速求取方法、储能技术、虚拟同步电机技术以及交直流混合技术。

致谢

本书由浙江大学董树锋老师主持编写，硕士研究生徐一帆、林立亨、邵一阳参与编写，具体分工是：董树锋编写了第1章至第5章，林立亨、徐一帆和邵一阳编写了第6章至第8章。国网浙江省电力有限公司高级工程师毛航银提供了相关参考资料，浙江大学博士研究生唐坤杰和硕士研究生张舒鹏、卢开城、唐滢淇、陈一峰、朱劲婷、葛明阳完成了对本书文字的校对工作，徐成司对本书提供了指导。

本书的编写工作得到国网浙江省电力有限公司"新能源电力系统随机稳定性分析研究"项目（52110418000N）的资助，在此表示衷心的感谢！

本书在编写过程中参考了很多国内外文献、书籍和网络资料，在此向这些文献和资料的作者表示感谢！

限于水平，书中难免有不妥之处，恳请读者指正。

编者

2020 年 11 月

目 录

第1章 绪 论

1.1 引 言

能源是人类赖以生存和发展的基础，电力作为最清洁便利的能源形式，是国民经济发展的命脉，而传统的煤炭、石油等一次能源是不可再生的，终归要走向枯竭。近几年由于生态环境污染和能源缺乏等问题，各国政府进一步提高能源利用效率、开发新能源、加强可再生能源的利用，以期解决各国经济和社会发展过程中日益凸显的能源需求增长与能源紧缺、能源利用与环境保护之间矛盾。

电能是我们生活中最方便、最清洁的能源之一，在国家经济持续发展中扮演着相当重要的角色。过去的几十年中，电力系统已发展为集中发电、长距离输电的大型电网系统。然而随着电网规模的不断增大，超大规模电力系统的弊端也日益显露。如果继续使用以前传统且不可重复利用的火力发电等，不仅会使化石能量极度短缺，还会造成生态环境的严重破坏。正是在这样的条件下，国际上已将更多目光投向了既可提高传统能源利用效率又能充分利用各种可再生能源的分布式发电相关领域。所谓分布式发电，是指利用各种分散存在的能源，包括可再生能源（太阳能、生物质能、小型风能、小型水能、波浪能等）和本地可方便获取的化石类燃料（天然气、煤制气、柴油等）进行发电供能的技术。小型分布式电源（Distributed Generation，DG）的容量一般在几百千瓦以内，大型分布式电源容量则可达到兆瓦级。采用分布式发电技术，有助于充分利用各地丰富的清洁和可再生能源，向用户提供"绿色电力"，是实现"节能减排"的重要举措。灵活、经济与环保是分布式发电技术的主要特点，由于靠近用户侧，可以弥补集中式发电的不足，提升用电的可靠性和安全性，降低输送损耗。另一方面，伴随着分布式发电容量的扩大，一些可再生能源具有的间歇性和随机性会给电网带来较大的冲击，这些电源仅依靠自身的调节能力满足负荷的功率平衡比较困难，通常还需要其他电源（内部或外部）的配合。

作为集中式发电的有效补充，分布式发电技术正日趋成熟。随着电能生产价格的不断下降以及各国政府政策层面的有力支持，相关技术正得到越来越广泛的应用，而日益增多的各种分布式电源并网发电对电力系统的运行也带来了新的挑战，大量分散的小容量分布式电源对于电力系统运行人员而言往往是"不可见"的，其中一些分布式电源通常又是"不可控"或"不易控"的。正像大容量风电场或大容量光伏电站的接入会对输电网的安全稳定运行带来诸多影响一样，当中、低压配电系统中的分布式电源容量达到较高的比例（即高渗透率）时，要实现配电系统的功率平衡与可靠运行，并保证用户的供电可靠性和电能质量，对运行人员而言也会有很大的困难，常规配电系统的结构及运行策略并不能很好地适应分布式电源大规模接入的要求。

微电网是指由分布式电源、能量转换装置、负荷、监控和保护装置等汇集而成的小型发配电系统，是一个能够实现自我控制和管理的自治系统。图 1-1 给出了一个微电网系统的示意，其内部分布式电源包括微型燃气轮机以及风/光可再生能源发电系统，微电网内的负荷既包含有常规电力负荷，也包含家居或者商业建筑中的冷、热负荷。系统正常情况下工作在并网模式，通过联络点（Point of Common Coupling，PCC）与外部电网连接，当 PCC 断开与主网联络时，系统能够运行在孤网模式下，持续对微电网内的重要负荷供电。凭借微电网的运行控制和能量管理等关键技术，可以实现其并网或孤岛运行、降低间歇性分布式电源给配电网带来的不利影响，最大限度地利用分布式电源出力，提高供电可靠性和电能质量。系统中还包含若干较小规模的微电网，例如在商业大楼中通过光伏和储能设备发电供能的小型微电网，以及向居民负荷供电的由微型燃气轮机或者光伏和储能设备发电供能的小型微电网等。在必要的情况下，这些小型微电网也可以独立运行。微电网可以看作是大电网的有益补充，可以经济有效地解决偏远地区的供电，避免单一供电模式造成的地区电网薄弱和大面积停电事故，提高供电系统的安全性、灵活性和可靠性，可以实现节能减排，是能源发展的方向。

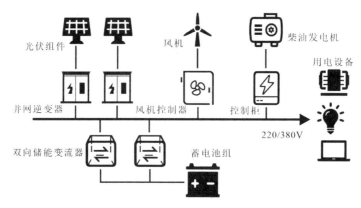

图 1-1   典型案例微电网示意

微电网靠近用户侧，有时不仅可以向用户提供所需的电能，而且还可以向用户提供热能，满足用户供热和制冷的需要，此时的微电网实际上是一个综合能源系统。微电网一般具有能源利用效率高、供能可靠性高、污染物排放少、运行经济性好等优点。因此，微电网可以充分发挥分布式电源的各项优势，也为用户带来了多方面的效益。

一方面，微电网可以被看作小型的电力系统，由于其本身具备很好的能量管理功能，可以有效地维持能量在微电网中的优化与平衡，保证微电网的运行经济性；另一方面，微电网又可以被认为是配网系统中的一个"虚拟"的电源或负荷，通过网内分布式电源输出功率的协调控制，可以对电网发挥负荷移峰填谷的作用，也可以实现微电网和外部配电网间功率交换量的定值或定范围控制，减少由于分布式可再生能源发电功率的波动对外部配电网及周边用户的影响，并有效降低系统运行人员的运行调度难度。

常规意义下的微电网一般指联网型微电网，这种微电网具有并网和独立两种运行模式。在并网工作模式下，微电网与中（低）压配电网并网运行，互为支撑，实现能量的双向交换。在外部电网故障情况下，微电网可转为独立运行模式，继续为网内重要负荷供电，提高重要负荷的供电可靠性。通过采取先进的控制策略和控制手段，可在保证微电网高电能质量供电的同时，实现微电网两种运行模式间的平滑切换。

作为常规微电网的一种特例，独立型微电网是微电网的一种特殊形式，这种微电网不和外部配电系统相连接，完全利用自身的分布式电源满足微电网内负荷的长期供电需求。当网内存在可再生能源分布式电源时，常常需要配置储能系统以抑制这类电源的功率波动，在充分利用可再生能源的基础上，满足不同时段负荷的需求。这类微电网一般应用于海岛、边远地区等常规配电系统接入比较困难的地方，满足用户对电能的基本需求。

现有研究和实践表明，将分布式发电系统与负荷等一起组织成微电网形式运行，是发挥分布式电源效能的有效方式，可以有效提高分布式电源的利用效率，有助于电网灾变时向重要负荷持续供电，避免间歇电源对周围用户电能质量的直接影响，具有重要的经济意义和社会价值。此外，由于微电网所具有的自组织性，它可由电力用户自己建设并运营，或者由电力公司建设运营，也可以由独立的第三方能源公司建设运营，这种多方运营的模式有助于调动社会各方参与可再生能源等发电设施建设的积极性，在更深层次实现能源领域市场化改革。

1.2　国内外微电网研究

有关微电网的研究工作近年来已经成为电力系统的热点研究领域之一，国际上很多国家都投入了大量研究经费予以支持，包括美国、日本、欧洲、中国在内的很多国家和地区都建设了一批示范工程，以验证微电网技术层面和经济层面的可行性。各国渴望一个完善的智能电网来提高电能质量和利用率，改善传统电网的不足，实现经济利益最大化。现在许多国家都在对微电网进行进一步研究，在自己国家原有电网的基础上，结合可持续发展的方向，制订出发展计划。

美国电力可靠性技术解决方案协会（Consortium for Electric Reliability Technology Solutions，CERTS）于 1999 年最早提出了微电网的概念，并且是世界上众多微电网概念中最具权威和代表性、认可度最高的一个。它对微电网的主要思想以及关键技术问题进行了详细的阐述，说明了微电网的两个主要器件（静态开关和自治微电源），并系统地阐述了微电网的结构、协调控制策略、继电保护和环保经济性评价等相关问题。其初步的理论研究成果已经在威斯康星大学建立的微电网实验室平台上得到了成功的验证。2005 年，CERTS 微电网的研究已经从仿真分析、实验验证进入了现场示范运行阶段。为进一步验证概念的准确性及合理性，CERTS 与美国电力公司合作，于 2006 年 11 月份在俄亥俄州哥伦布的多兰技术中心搭建了大规模的微电网试验平台。美国电力管理部门与通用电气合作，共同资助了“通用电气（CE）全球研究（Global Research）”计划，目标是开发一套微电网能量管理系统（Microgrid Energy Management，MEM）。加州能源委员会资助建成了首个商用微电网单元，国家新能源实验室和北方电力也完成了佛蒙特州乡村微电网的安装。此外，为了对微电网进行深入研究，美国能源部（DOE）制定了“Grid 2030”发展战略，其中对微电网的发展提出了一个较为具体的计划：以微电网的形式安放和利用微型分布式发电系统阶段性计划，对今后的微电网发展规划进行了较详细的阐述和说明，这些都很好地促进了美国微电网的发展。

从电力市场自身需要、电能安全供给以及环境保护等方面综合考虑，欧洲于 2005 年提出了建设“智能电网（Smart Grid）”的目标，2006 年又出台了该目标的技术实现方案。从欧洲自身因素考虑主要是环保和电网稳定性要求两个方面，欧盟国家在近几年对微电网越来越重视并展开了许多内部合作和研讨。2005 年，欧洲智能电网技术论坛（Smart Grids European Technology Platform）提出了 2020 年的欧洲电力工业发展的远景规划，该规划要求未来欧洲电网应具有灵活、可接入、可靠和经济等特点，"智能电网"的概念被提出。欧盟微电网项目（European Commission Project Microgrids）给出的微电网定义是：利用一次能源；使用微型电源（分为不可控、部分可控和全控三种），并可冷、热、电三联供；配有储能装置；使用电力电子装置进行能量调节。基于此，欧盟国家充分使用智能技术、先进的电力电子技术、分布式发电系统，并将集中式供电与分布式发电高效整合，同时鼓励电力运营商与发电企业积极参与公平的电力市场交易，并促使电网快速发展。可预测的是，微电网以其智能、清洁、高效、节能等多级多元化应用特点必将成为欧洲未来电网的重要组成部分。

欧洲科技框架计划（Framework Programme，FP）具有高水平、广领域、投资大、国家多等特点，是当今世界上最大的官方科技计划之一。欧盟第五框架计划（1998—2002 年）资助了"微电网：大规模分布式电源接入低压电网的集成"项目，由雅典国立科技大学领导，来自欧盟 7 个成员国的组织参加，在雅典、曼彻斯特等地建立了微电网实验平台，该项目已完成并取得了丰富的研究成果。欧盟第六框架计划（2002—2006 年）资助了"多微电网的先进结构和控制理念"项目，研究团队规模进一步扩大，并同西门子、ABB 等制造商合作，重点研究多个微电网与配电网连接的控制策略、协调管理方案、系统保护与经济调度措施及微电网对大电网的影响等。相关研究成果包括：1）分布式能源建模和稳态、动态分析软件；2）微电网独立和联网运行原则、控制算法、本地黑启动策略；3）分布式能源接口响应及其智能化的必要条件以及可靠性量化的方法；4）完成了微电网接地和保护方案以及微电网实验室。第二阶段的研究仍然由雅典国家科技大学组织，研究团队进一步扩大，包括西门子、ABB 在内的制造商以及部分欧盟成员国的电力企业和研究团队，研究对象也发展到多个微电网的并列运行，目标是在电力市场环境下，实现多个微电网的技术和商业接入。同时，欧洲各国也建立了多个微电网示范工程，如希腊 CRES 公司建立的基斯诺斯岛微电网工程、荷兰康廷努公司在布朗斯卑尔根假日公园建立的微电网工程、德国 MVV 能源公司在曼海姆-瓦尔斯塔特生态区建立的多个微电网的长期试验点等。此外，欧盟于 2007 年开始实施了第七框架计划（2007—2013 年），在已有微电网的基础上提出了建设智能电网的构想。

日本由于国内资源匮乏、负荷日益增长，政府高度重视对可再生能源的利用，因而有力地推动了微电网的发展，其希望加大可再生能源发电比例，减少对化石能源的依赖。可再生能源的不确定性所造成的功率波动、电压频率不稳等问题影响了其输出的电能质量和供电可靠性，微电网通过整合各种分布式电源的优势，优化配置各个微电源和储能装置，最终实现能量输出与负载之间的功率平衡。因此，从大电网来分析，微电网可以看作一个恒定的负荷。目前，在微电网的研究和示范工程建设方面，日本处于世界领先地位，已在国内建立了多个微电网工程。近年来，可再生能源和新能源一直是日本电力行业关注的重点之一，因此，日本政府专门成立了新能源与工业技术发展组织（NEDO），作为统一协调国内高校、企业和国家重点实验室对新能源及其应用研究的专门机构，以此来大力支持一系列微电网示范性工程，并鼓励可再生能源和分布式发电技术在微电网中的应用。

在 NEDO 的支持下，八户、爱知、京都与仙台等地分别建立了微电网示范工程。2003 年，NEDO 启动了含可再生能源的地区配电网项目，为了研究可再生能源与本地配网之间的互联，并分别在青森县、京都县和爱知县建立三个微电网的示范工程。其中一个微电网示范工程位于青森县八户市，该工程全部采用风能、太阳能和生物质能等可再生能源供给用户电能和热能。该工程电源包括利用生物质能的 3 台 170 kW 燃气发电机，2 台 50 kW 铅酸蓄电池组，一台 80 kW 的光伏发电，一台 20 kW 的风力发电，总共 710 kW。用电负荷包括：市政厅负荷 360 kW，4 所中小学负荷 205 kW，八户供水管理局负荷 38 kW，总共 603 kW。整个微电网通过公共连接点（PCC）与外部大电网连接。该工程运行了 9 个月时间，建立微电网使可再生能源利用系数增加，进而使得从大电网的购电量减少，CO_2 排放量也大幅度降低。在 1 周的独立运行期间，系统频率基本维持在（50±0.5）Hz 范围内，较好地实现了系统的稳定运行。日本在京都县建立京都经济能源工程，于 2005 年 12 月开始运行，该工程特点是能量控制中心通过电信网络与分布式电源进行通信，从而控制功率平衡的供需要求。一旦出现功率不平衡，可以在 5 min 内进行调节，并且未来可以进一步缩短调节时间。此外，私人企业和部门也积极展开了微电网的研究，如东京大学与清水公司联合开发了微电网的控制系统，并在东京的研究中心建立了试验工程。

欧盟、日本、美国等国家从不同方面对微电网相关方面展开了卓有成效的研究，我国的微电网研究尚处于起步阶段，但已经引起了国家相关科研单位、企业和高校的高度重视。科技部"863计划先进能源技术领域 2007 年度专题课题"中已经包括了微电网技术。目前如清华大学、浙江大学、中科院电工研究所、天津大学、河海大学、湖南大学等国内众多高校和科研院所都已对微电网展开了相关研究。清华大学与辽宁高科能源集团合作，在国内率先将微电网应用到实际工程中，积累了丰富的实践经验和学术成果；浙江大学和浙江众合科技股份有限公司合作，在舟山离岛摘箬山岛建立了可再生能源互补发电关键技术及工程示范项目；中国科学院电工研究所的名为"分布式能源系统微电网技术研究"的课题已获得国家"863"高技术资金的资助；天津大学的研究课题"分布式发电功能系统的相关基础研究"获得了国家"973"计划项目的资助；河海大学与英国格拉斯哥喀里多尼亚有着密切的学术交流关系，并共同合作进行相关微电网研究。2009—2010 年，合肥工业大学、天津大学、浙江省电力试验研究院等先后建立了微电网实验室。同时，国家为了开发新能源、提高现有能源利用效率，同时解决中国经济和社会在快速发展时所产生的一些日益凸显的矛盾，如能源需求增长和能源紧缺、能源利用与环境保护，在《国家中长期科学与技术发展规划纲要（2006—2020 年）》中明确提出要大力发展"可再生能源低成本规模化开发利用"和"间歇式电源联网及输配技术"。对微电网开展研究符合国家战略需求，通过微电网技术利用可再生能源向用户提供"绿色电力"，是实现国家"节能减排"目标的重要举措。目前，国内应用前景最广的综合能源利用还属冷、热、电三联产技术。对于中国大部分地区的住宅、商业大楼、医院、公共建筑、工厂等用户来说，都存在供电和供暖或制冷需求，很多重要用户还配有自己的发电设备，这些都可以进行推广冷、热、电三联产的多目标的微电网供能系统工程。可以预见的是，微电网的特点适应中国电力乃至能源发展的需求与方向，在中国具有广阔的前景。此外，北京、上海、广州等地也相继建成了一些微电网示范工程，其中最大的离网型微电网系统——浙江东福山岛风光储柴及海水淡化综合系统工程已于 2011 年 4 月底竣工并投入运行。

虽然国内的微电网研究取得了一定的进展，但是与美国、欧洲及日本等发达国家由科研机构、高校和企业组成的庞大研究团队相比，在研究力量、所取得的研究成果上仍然存在较大差距。其主要差距在于分布式电源技术还不够成熟和完善；分布式发电系统对配电网的影响缺乏系统的分析和相应的防治措施；目前我国的微电网系统主要由单一种类的分布式发电单元构成，对于含有多个分布式发电单元的复杂微电网结构的研究较少。因此，有必要深入开展微电网相关关键技术的研究，促进微电网在我国的发展及应用。

1.3   微电网分类及结构特征

按照微电网的存在形式划分，主要有交流微电网、直流微电网、交直流微电网。目前在世界范围内交流微电网是微电网的主要存在形式，因其易实现、控制方法成熟等优势，对电网电压和频率的稳定性有重要意义。然而，随着微电网应用的日渐增多，交流微电网的不足之处也渐渐凸显，其网络损耗大，电网运行控制复杂，这和广大用户所期待的高效、稳定以及高质量的供电服务有较大矛盾。而直流微电网中，分布式微源与直流母线的挂接更加方便，损耗较低，且不需要考虑无功功率稳定性的问题。然而直流型微电网不易实现，且很难支撑现有的电网大环境。为了能够适应多种微源的挂接以及分布式电源渗透率的增加，尤其是像光伏电池、风力发电机等可再生发电形式，充分利用交流型微电网和直流型微电网的优势，同时尽可能提升微电网的稳定性，交直流混合型微电网的运行模式逐渐出现。

1999 年美国可靠性技术解决方案协会提出的微电网概念实质上是指交流微电网，世界其他各国所进行的微电网研究也主要是针对交流微电网，交流微电网是目前微电网的主要形式。美国近年来发生了几次较大的停电事故，使美国电力工业十分关注电能质量和供电可靠性，因此，美国对微电网的研究着重于利用微电网提高电能质量和供电可靠性。直流微电网是将分布式电源、储能装置和负荷等通过电力电子变换装置连接至直流母线，直流母线再经过逆变装置连接外部交流电网。自 2004 年国际知名学者阿卡基教授提出直流微电网概念以来，世界各国对直流微电网开展了广泛研究。但是，单纯采用直流微电网供电时，交流负荷又必须经过逆变器才能接入直流微电网。由于各类用电负荷都有其特殊性，实际生产和生活中必定同时包括交流用电负荷和直流用电负荷。交直流混合微电网同时具有交流微电网和直流微电网的优点，自提出后立刻受到工业界和学术界的重视。

1.3.1   交流微电网

目前，交流微电网仍然是微电网的主要形式，交流微电网不改变原来的电网结构，适合运用在将原有电网改造为微电网网架的结构中。在交流微电网中，分布式电源、储能装置等均通过电力电子装置连接至交流母线，例如图 1-2 所示系统。正常情况下微电网与大电网并联运行，当主网出现故障时，通过对 PCC 处开关的控制，成为独立运行的系统；当电网恢复正常以后，微电网又可与主网重连，恢复并网运行，可实现微电网并网运行与孤岛运行模式的转换。

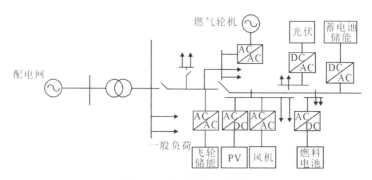

图 1-2   交流微电网结构

以交流微电网为基础，可以延伸配置多种不同形式的微电源构造微电网，比如小型直驱风机系统、屋顶光伏发电系统、微型燃气轮机冷热电联供系统等。在实际应用中，如果对于各类负荷之间的界定较为模糊，在规划上述微电网模式时可以简化为主母线和子母线。

其中中压交流微电网适用于分布式电源容量较大，渗透率高，并且需要保证供电可靠性的敏感负荷分布不集中的场合。一般情况下中压微电网内部的分布式电源不能承担微电网内的全部负荷，往往需要主网支持，在故障情况下可采用组合孤岛解列模式，根据分布式电源与负荷的匹配程度合理设置，灵活地选取公共连接点，继而分解构成多种结构微电网，并根据用户需求的不同，为内部用户提供不同质量要求的电能，保证减小停电面积。由于微电网的构造理念是将可再生能源和清洁能源靠近用户侧进行配置，而低压微电网对于中压电网来说可视为一个可控、可分配、可切除的负荷，因此相比较于中压微电网，合理规划的低压微电网更能保证用户的电能质量和提高负荷供电可靠性，能够最大限度上就地消纳可再生能源，降低电能输送过程中的网损，并且在技术上更具有可行性，使得其应用范围更加广泛。

1.3.2 直流微电网

伴随着直流用电设备的增加，直流微电网已经引起人们的广泛关注。交流的电能转换环节多、系统网损消耗高、电网运行控制过程复杂，这使得用户对可靠性高、转换效率高、电能质量良好的供电服务的期望难以得到满足。为解决以上问题，世界各国纷纷展开了对微电网方面的研究，立足于本国国情，每个国家对微电网的定义有所不同。随着直流负荷的日益增加，直流微电网适合集成可再生分布式电源，有利于对微电网中各分布式电源进行协调控制，在近年来逐渐成为研究热点。

直流微电网的特征是系统中的分布式电源、储能装置、负荷等均连接至直流母线，直流网络再通过电力电子逆变器装置连接至外部交流网络。例如图 1-3 所示的结构形式。直流微电网通过电力电子变换装置可以向不同电压等级的交流、直流负荷提供电能，分布式电源和负荷的波动可由储能装置在直流侧调节。

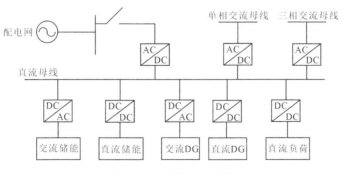

图 1-3 直流微电网结构

考虑到分布式电源的特点以及用户对不同等级电能质量的需求，两个或多个直流微电网也可以形成双回路或是多回路供电方式，例如图 1-4 所示结构。图中，直流馈线 1 上接有间歇性特征比较明显的分布式电源，用于向普通负荷供电；直流馈线 2 连接运行特性比较平稳的分布式电源以及储能装置，向要求比较高的负荷供电。相较于交流微电网，直流微电网由于各分布式电源与直流母线之间仅有一级电压变换装置，降低了系统建设成本，在控制上更易实现；同时由于无须考虑各分布式电源之间的同步问题，在不同分布式电源之间的环流抑制方面更具有优势。

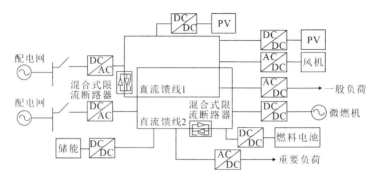

图 1-4　多直流馈线微电网结构

相比于交流微电网，直流微电网具备如下优势：

（1）设备投入更少

在交流微电网中，如风力发电这种交流分布式电源，要先进行交直变换，再经过直交变换才能汇入交流母线，而在直流微电网中则只需要完成前一步，从这个角度上看，直流微电网就已经减少了一半设备投入。从另外几部分上来说，目前应用较为成熟的储能装置本质上可以看作直流负载，对于负荷部分，生活中不可或缺的电子设备如手机、电脑、相机都是属于直流性质的，在雾霾严重的我国，大批量生产的电动汽车也需要直流充电桩。在直流微电网中，以上种种都可以直接接入母线中，这就又减少了电力电子设备的需求。

（2）功率损耗更小

微电网中的各类变换器在实际应用中，其实都会损耗部分电能，因为直流微电网不需要大量的变换器，所以可以起到节省电能的效果。由于直流的特性，直流微电网并不需要考虑无功功率损耗和涡流损耗，损耗变小，则供电效率会大大提升。

（3）运行难度更低

交流微电网想要保证自身的运行可靠性，要随时保证自己的频率和相位在规定之内，而直流微电网并没有这方面的顾虑。直流微电网稳定运行的标准是唯一的，即维持母线电压的稳定，其次则是保证系统内部的功率平衡。在以往直流和交流系统控制的研究中，可以很明显地通过对比看出，直流微电网在运行控制方面的难度更低，运行可靠性也更高。

（4）发展前景更好

微电网中最为重要的负载和分布式电源两部分，其性质正逐渐向直流转变。微电网的本地负载，属于直流性质的负载正在占据更大一部分比例。除了电子设备和电动汽车对直流电的需求之外，越来越多的照明装置正在采用直流供电的方式。而对于分布式电源来说，直流形式正在展现出越来越优秀的控制性。除此之外，无论是现有的储能装置还是新研发的燃料类电池，直流微电网都无疑是更适合的。因此，直流微电网在研究价值上，具有广阔的前景。

1.3.3　交直流微电网

随着微电网应用的日渐增多，交流型微电网的不足之处也渐渐凸显，其网络损耗大，电网运行控制复杂，这和广大用户所期待的高效、稳定以及高质量的供电服务有较大矛盾。随着工业的发展，电解、电镀、稀土冶金、电动汽车等大容量直流负荷及直流型日常生活电器的逐渐增多，部分分布式微电源以直流形式供电可减少电能变换环节和损耗，并且，直流电传输无集肤效应，直流电源线相对交流电源线具有更强的带载能力、抗干扰性，直流电网在基础设施的投资上也比交流电网低很多，直流微电网开始受到广泛重视。然而直流型微电网不易实现，且很难支撑现有的电网大环境。为了能够适应多种微源的挂接以及分布式电源渗透率的增加，尤其是像光伏电池、风力发电机等可再生发电形式，充分利用交流型微电网和直流型微电网的优势，同时尽可能提升微电网的稳定性，越来越多的学者研究交直流混合型微电网的运行模式和控制方法。

交直流混合型微电网的概念最早由新加坡的卢保聪教授提出，包含交流子系统和直流子系统两个主体部分。其中，交流子系统中挂接了同步发电机等传统形式发电设备和风力发电机等新能源发电设备；直流子系统中挂接了光伏等直流型微源。由于交直流混合微电网同时具有交流微电网和直流微电网的优点，自提出后立刻受到工业界和学术界的重视。目前已建好的交直流混合微电网并不多，日本仙台的智能微电网是一个简单的交直流混合微电网结构，它包括交流母线和直流母线、不同类型的分布式电源、不同类型的负荷（直流负荷和交流负荷）以及保证负荷侧供电质量的装置。

交直流混合微电网结构如图 1-5 所示，在这一微电网中，既含有交流母线又含有直流母线，既可以直接向交流负荷供电又可以直接向直流负荷供电，因此称为交直流混合微电网，但从整体结构分析，实际上仍可以看作交流微电网，直流微电网可以看作一个独特的电源通过电力电子逆变器接入交流母线。混合微电网的主要目标是：根据各分布式电源输出电能和负荷用电形式，以减少电能变换环节为原则，将各类分布式电源和负荷分别接入交流微电网和直流微电网；在正常运行时，维持混合微电网的直流母线电压、交流母线电压和频率保持在额定参数，并将多余的电能输送到大电网中；在大电网故障情况下，混合微电网通过储能装置配合微电源维持直流母线和交流母线的电压稳定。

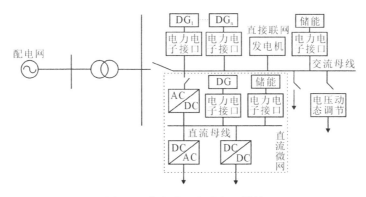

图 1-5　交直流混合微电网结构

从系统角度看，混合微电网有联网运行和孤岛运行两种工作模式。联网运行模式下，当直流微电源的输出功率大于直流负荷时，变流器工作在逆变模式，将直流微电网多余的电能注入交流微电网；当直流微电源的总功率小于总的直流负荷时，变流器工作在整流模式，将交流微电网中的电能注入直流微电网中；当混合微电网中的总发电功率大于总负荷时，经储能系统"削峰"后混合微电网将电能注入大电网，反之，混合微电网从大电网汲取电能。在联网运行模式下，混合微电网的总功率平衡依靠大电网，储能系统起"削峰填谷"作用。在孤岛运行模式下，混合微电网中的功率平衡和母线电压稳定依靠储能设备与功率变流器实现。根据不同运行模式，采用储能系统或变流器控制直流母线电压和交流母线电压稳定，光伏发电与风力发电机组可以工作在最大功率跟踪或非最大功率跟踪模式。混合微电网中柴油发电机等可控微电源的启停及负荷投切由微电网能量管理系统协调控制。

交直流混合微电网与单纯的交流微电网和直流微电网相比较，具有如下新特征：（1）将分布式交流微电源接入交流母线、直流微电源接入直流母线，可以减少 AC／DC 或 DC／AC 等变换环节，减少电力电子器件的使用；（2）将交流负荷接入交流母线、直流负荷接入直流母线，可以减少用户设备内变流装置，降低设备的制造成本和电能损耗；（3）需要同时保证直流母线和交流母线的电压稳定，功率控制复杂。

1.3.4　微电网电压等级及规模

从供应独立用户的小型微电网到供应千家万户的大型微电网，微电网的规模千差万别。按照电压等级及接入配电系统模式的不同，可以把微电网分为三个规模等级：高压配电变电站级微电网、中压馈线级微电网以及低压微电网。

高压配电变电站级微电网和中压馈线级微电网是较大规模的微电网组成形式。高压配电网变电站级微电网包含整个变电站主变二次侧所接的多条馈线，中压馈线级微电网则包括一条 10 kV 或者 35 kV 配电主干线路内所有单元。变电站级微电网和馈线级微电网适用于容量稍大、有较高供电可靠性要求、较为集中的用户区域，这两种类型的微电网对配电系统自动化控制和保护有较高的要求。变电站级微电网内可以包含多个馈线级微电网，而馈线级微电网内还可以包含多个中压配电支线微电网和低压微电网。各子微电网既可以独立运行，也可以组成更大的区域微电网联合运行。

所谓中压配电网支线微电网，是指以中压配电支线为基础将分布式电源和负荷进行有效集成的微电网，它适用于向容量中等、有较高供电可靠性要求、较为集中的用户区域供电。这类微电网通过断路器以支线形式接入配电系统中压主干网，同样对配电系统自动化的控制和保护有较高要求。所谓低压微电网是指低压电压等级上将用户的分布式电源及负荷适当集成后形成的微电网，这种微电网大多由电力或能源用户拥有，规模相对较小。

微电网也可按照结构划分为简单结构微电网和复杂微电网。所谓简单结构微电网是指系统中分布式电源的类型和数量较少，控制和运行比较简单的微电网。这种简单结构的微电网在实际中应用很多，例如分布式电源为微型燃气轮机的冷热电联产系统（Combined Cooling Healing and Power，CCHP），在向用户提供电能同时，还满足用户热和冷的需求。但与传统的 CCHP 系统不同，当形成微电网后，该系统具备并网和孤网两种模式，并可在两种模式之间灵活切换，这可以在保证能源有效利用的同时，提高用户的供电可靠性。所谓复杂结构微电网是指系统中分布式电源类型多，分布式电源接入系统的形式多样，运行和控制相对复杂的微电网。在复杂结构微电网中含有多种不同电气特性的分布式电源，具有结构上的灵活多样性。但对控制提出了相对较高的要求，需要保证微电网在不同运行模式下安全、稳定地运行。

1.4 微电网稳定性概述

1.4.1 微电网稳定性与传统稳定性的区别

基于旋转型电机作为发电机的传统电力系统与微电网系统在结构、运行方式等许多方面存在不同，因此以低惯性、电力电子化为特征的微电网系统的稳定性与传统电力系统稳定性在定义、内涵和分类等方面将存在差异。

微电网以大量可再生能源型分布式电源作为主要发电单元，旋转电机接口型分布式电源主要有定速异步风机、小水电和少量柴油机，而光伏、燃料电池、变速风电机组和储能系统等装置则通过电力电子变换接口与网络连接，并不具有转子和惯性。光伏电源是静止电源，具有随机波动性和无转动惯量的特性，不存在功角稳定问题，大规模接入光伏后将造成系统等效惯量减小。而对于风机接入微电网的情况，考虑到风能的间歇性和风机出力的不可控，当转子速度变化时，风机的惯性也会影响功率的输出。文献 [1] 指出，风电功率较小时，系统失稳表现为功角失稳，风电功率较大时则表现为电压失稳。因此，特定微电网的稳定性研究需结合具体场景通过分析、仿真后得出结论。

综上所述，对于含高渗透率分布式电源的微电网，其稳定性问题和传统电网的区别在于：

1）光伏阵列、燃料电池、储能装置等微源经电力电子变换器并网，不存在旋转电机和机械功角的概念，无惯性或低惯性成为微电网稳定分析中必须考虑的问题；

2）传统电力系统中小水电机组、柴油发电机组等常规发电机组的稳定性问题可由大电网支撑，在微电网系统中其稳定性问题需要通过自身的控制调节来解决；

3）光伏、变速风电机组等 DGs 经逆变器并网，虽然有的分布式电源具有旋转部件，但其功角概念和传统旋转电机有所差异，更多的是从并网交流母线的电压相角考虑。

1.4.2 微电网稳定性的定义和分类

电力系统稳定性定义在不同地区和时间段的含义是有差别的，因此 IEEE/CIGRE 稳定定义联合工作组于 2004 年专门开展了电力系统稳定性定义和分类的研究工作。文献 [2] 比较了 IEEE/-CIGRE 和我国行标 DL755-2001 对电力系统稳定性的定义和分类，如图1-6所示，在两者对传统电力系统稳定性的定义和分类基础上，考虑到传统电网与微电网的区别，并结合微电网具体的结构和器件特点，认为独立微电网稳定性是指在给定的初始运行状态下，独立微电网受到扰动后能够依靠自身系统中 DGs 接口的控制回路、储能装置和切机/切负荷等控制措施，重新恢复到稳定运行状态的能力。

微电网的稳定性问题本质上可以单独研究，然而许多失稳现象是由多种不同的不稳定因素共同造成的，若只看成单一问题就很难合理地解释或有效地解决。将稳定性问题合理分类后可极大促进稳定性分析，包括辨识失稳原因和设计提高稳定运行的措施。

根据微电网系统失稳的物理特性、失稳原因、受扰动的大小、稳定性分析所涉及的数学计算方法和失稳过程的时间尺度对微电网稳定性进行分类，将含高渗透率 DGs 的独立微电网稳定性分为小干扰稳定性和暂态稳定性及相应子类，如图1-7所示。

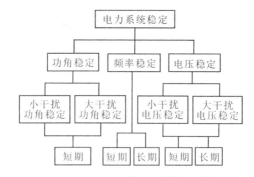

(a)IEEE/CIGRE中的电力系统稳定的分类

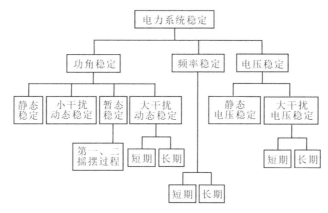

(b)行标DL755-2001中的电力系统稳定的分类

图1-6　电力系统稳定性分类

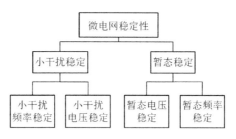

图1-7　微电网稳定性分类

　　在并网运行模式下，因微电网容量远小于大电网，其频率和功角稳定可由大电网支撑，可不考虑。而孤岛运行时，微电网稳定运行很大程度上依赖于微源的控制、多微源间的协调控制、可中断负荷控制等。分布式电源输出功率主要由并网逆变器调节，响应较慢，并通常与储能系统共同作用，而储能系统和并网逆变器的动态过程与同步发电机组的旋转过程不同，并没有涉及转子角度问题，故孤岛微电网的稳定问题只考虑电压稳定性和频率稳定性。

　　根据扰动的大小及稳定性分析所涉及的数学方法，将微电网稳定性分为基于线性方程的小干扰稳定性和基于非线性方程的暂态稳定性。考虑到微电网的运行特性，大量可再生能源型分布式电源受自然环境等客观因素的约束，其出力具有随机性和波动性，也就意味着微电网系统时刻遭受小扰动。在时间尺度上，小干扰电压稳定存在短期或长期的现象，短期电压稳定主要与分布式电源及储能装置接口的并网换流器、快响应感应电机负荷等动态过程有关；长期电压失稳可能是由缓慢的负荷变化、响应较慢的动态元件引起的。文献 [3] 引入了谐振稳定性的概念，属于小信号稳定性范畴，由于 CPLs 和特定频段内的部分电力电子装置存在负阻抗效应，使谐振稳定的电力系统谐振失稳，易引起系统过电压、过电流。对电力电子化的微电网而言，固有谐振问题将更加复杂和严重，谐振稳定性在微电网的稳定性研究中值得被重视。

若小扰动足够小，小信号稳定分析时可将平衡点处系统非线性微分方程线性化，再以此对稳定性进行分析；而暂态稳定分析需要通过非线性微分方程进行研究，在微电网遭受诸如系统故障、负荷投切、分布式电源或线路断开等大干扰时，希望在短时间内恢复到稳定运行状态。暂态频率稳定指微电网系统发生大扰动后，出现较大的有功功率不平衡，系统频率能够保持或恢复到允许范围内的能力。孤岛微电网缺乏旋转型发电机的惯性和大电网的支撑，其频率稳定性将受到很大影响。

1.4.3　微电网稳定控制方式

微电网中的分布式电源大部分经由电力电子设备接入母线，与传统的旋转电机型电源相比，电力电子设备虽然控制灵活、响应速度快，但是惯性和输出阻抗小，如何维持系统功率平衡十分重要。因此，需研究微电网的控制方法，基本要求是维持系统在并网、孤岛运行以及模式切换时的电压、频率的稳定。进一步，在系统稳定运行的基础上，考虑如何优化系统运行性能，需研究微电网的优化运行控制，微电网中往往采用多台逆变型电源并联供电以提高可靠性，如何协调控制并联逆变器是微电网优化运行的关键，并网时可进行经济优化、联络线功率控制等；孤岛时在系统稳定的基础上进行运行性能的优化。

国外格雷罗等学者提出了微电网的分层控制架构。分层控制可分为四层：零级控制、初级控制、二级控制和三级控制，如图1-8所示。分层控制中，下级与上级之间建立联系：一方面，每一级独立完成自己的控制目标，并向上一级输送所需的信息，另一方面，上一级向下一级控制下发控制指令，下发的控制指令并不影响系统的稳定性。从下级到上级，时间尺度逐渐变大。

（1）零级控制

零级控制是单个 DG 的控制即逆变器级控制，控制自身逆变器输出的电压、电流和功率，分布式电源的电气量能够迅速反应。控制方法主要包括四种：恒功率控制（PQ 控制）、恒压 / 恒频控制（V/f 控制）、下垂控制（Droop 控制）、虚拟同步机控制。

1）PQ 控制的控制目标是让逆变器按给定的有功、无功参考值输出有功、无功功率。PQ 控制下的分布式电源相当于电流源，无法为系统提供恒定的频率和电压，因而无法单独运行，需与可提供电压和频率的电源配合。

2）V/f 控制的控制目标是控制逆变器输出的电压幅值、频率保持在给定的电压、频率参考值。基于 V/f 控制的 DG 相当于恒压恒频的电源，当系统中负荷变化时，迅速反应以保证输出电压幅值及频率不变，与传统电力系统中的平衡节点类似。

3）下垂控制利用有功和无功功率的解耦原理实现。当系统负荷发生变化时，按照下垂曲线，各逆变器调整输出的电压幅值和频率。

4）虚拟同步机控制是一种模拟同步发电机特性的工作方式，让分布式电源模拟同步发电机的频率－电压下垂特性和转子机械惯性，使逆变器输出效果与同步机相近，以抑制扰动造成的微电网电压、频率波动。

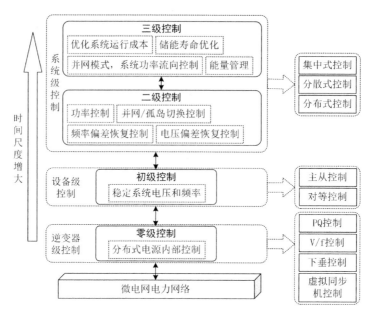

图 1-8　微电网分层控制架构

（2）初级控制

初级控制实现系统基本的功率平衡，响应速度快，视为设备级控制，具体可分为主从控制和对等控制两大类。

主从控制下，微电网孤岛运行时，选择一个分布式电源作为主控电源应用 V/f 控制，负责支撑系统的电压和频率，其余电源作为从电源应用 PQ 控制，负荷的波动由主控电源进行消纳。并网运行时，由大电网负责保证微电网电压和频率的恒定，因而分布式电源都采用 PQ 控制。若进行并网/孤岛模式切换，主电源应相应修改其控制方法。由于孤岛运行时系统的电压和频率依靠于主电源，若主电源故障，系统将失稳，因此主从控制的可靠性较低。

对等控制中各分布式电源地位相等，不存在主从关系，各 DG 共同维持系统电压和频率的稳定。各控制器一般采用下垂控制，负荷变化时，逆变器根据设定好的下垂曲线调节各自的输出，可以协调分配各分布式电源的输出功率，使系统达到一个新的稳定状态。对等控制仅需要本地信息，不需要通信，可实现分布式电源的"即插即用"，可靠性和可扩展性高，并且可在并网／孤岛模式间灵活切换，但是仍存在一些不足：1）由于下垂特性，对等控制中微电网的电压幅值和频率往往不能稳定在额定值，导致供电质量下降；2）由于实际系统中线路阻抗同时存在感性和阻性成分，有功与无功功率相互耦合，线路阻抗的分布会影响分布式电源的功率分配。对等控制的不足需要通过二级控制进行优化调节。

（3）二级控制和三级控制

二级控制和三级控制是系统级控制，时间尺度比初级控制大。二级控制产生调节指令，下发给初级控制，从而调节逆变器输出，优化系统运行性能，还可进行孤岛／并网模式的切换控制。三级控制从相对更大的时间尺度上对微电网进行优化控制，包括微电网经济运行、储能寿命优化、并网潮流控制、能量管理等功能。

从具体如何实现的角度，系统级优化控制方法可以分为集中式控制、分散式控制和分布式控制三种，如图1-9所示。

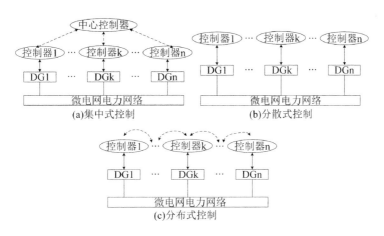

图 1-9 系统级优化控制

集中式控制的核心是一个中心控制器（Microgrid Central Controller），中心控制器利用通信网络从微电网中各处采集所需要的信息，进行信息处理后得到调节指令，再将相应指令发送到各分布式电源的本地控制器，由本地控制器跟踪调节。集中式控制实现简单，便于进行全局调控，但是具有一些不足：1）由于要处理全网的海量数据信息，中心控制器信息处理负担较重，要求较高；2）对中心控制器和通信网络依赖性强，若发生单点故障，控制会失效，可靠性低，并且对于分散布置的分布式电源，通信实用性较低；3）系统的结构确定后，若进行变动则需更改控制结构，较为复杂，因此可扩展性差。

分散式控制仅基于本地信息就地控制，不需要进行通信，成本较低，分布式电源之间自动分配功率，响应速度较快，具有"即插即用"的特点，并且可扩展性和可靠性很高。但仍存在几点不足：1）由于缺少通信联系，分布式电源无法感知其他电源的状态，难以进行系统层面的优化调节；2）控制效果易受系统参数的影响，往往不够理想。

分布式控制不存在中心控制器，利用稀疏通信网络，每个分布式电源仅需要与其邻居交互信息，基于本地和邻居信息得到本地控制器的调节指令。分布式控制具有以下优点：1）分布式控制通过邻居间的通信可以获取反映全局状态的有效信息，从而从系统层面协调控制各分布式电源；2）基于稀疏通信网络，个别线路的故障不影响控制的有效性；3）将集中式决策转化为由多个控制器协作的分布式决策，可靠性高；4）能适应网络拓扑的变化，使分布式电源具备"即插即用"的能力，可扩展性好。然而，分布式控制也有一些缺点，例如：1）技术要求较高，多机系统中的硬件与软件方面都有一些特殊问题需要处理，比单机系统要复杂得多，系统总体的调度、协调和优化更是一个难度较高的研究课题；2）数据通信量很大，需要增加通信或联网设备及费用，又带来了数据通信的安全性与保密性问题，从局部来说，会降低系统的可靠性，这和系统总体可靠性高的优点并不矛盾，是辩证统一的关系。

1.5　总　结

本章对微电网进行了概述。介绍了微电网的研究背景和定义,综述了国内外对微电网的研究现状,并介绍了微电网的分类和结构特征;微电网根据存在形式可以分为交流微电网、直流微电网和交直流微电网,根据电压等级可以分为高压配电变电站级微电网、中压馈线级微电网以及低压微电网,根据结构则可以分为简单结构微电网和复杂微电网;随后对微电网稳定性相关内容进行了概述,包括微电网稳定性的定义和分类,以及常见的稳定控制方式,并对比了微电网稳定性和传统电力系统稳定性之间的区别。

参考文献

1. 万千, 夏成军, 管霖, 等. 含高渗透率分布式电源的独立微网的稳定性研究综述 [J]. 电网技术, 2019, 43(02): 598-612.
2. 徐政, 王世佳, 邢法财, 等. 电力网络的谐振稳定性分析方法研究 [J]. 电力建设, 2017, 38(11): 1-8.
3. 孙华东, 汤涌, 马世英. 电力系统稳定的定义与分类述评 [J]. 电网技术, 2006(17): 31-35.
4. 苏晨. 微电网分布式运行控制策略研究 [D]. 东南大学, 2017.
5. Shuai Z, Sun Y, Shen Z, et al. Microgrid stability: classification and a review[J]. Renewable and Sustainable Energy Reviews, 2016(58): 167-179.
6. Majumder R. Some aspects of stability in microgrids[J]. IEEE Transactions on Power Systems, 2013, 28(3): 3243-3252.

第 2 章　微电网建模

2.1　概　述

微电网作为由分布式电源（DG）、储能装置、能量转换装置、相关负荷和监控、保护装置汇集而成的小型发配电系统，是一个能够实现自我控制、保护和管理的自治系统，既可以与外部电网并网运行，也可以孤立运行。从微观上看，微电网可以看作是小型的电力系统，它具备完整的发输配电功能，可以实现局部的功率平衡与能量优化，它与带有负荷的分布式发电系统的本质区别在于同时具有并网和独立运行能力。从宏观上，微电网又可以认为是配电网中的一个"虚拟"的电源或负荷。由于微电网具备离并网切换的能力，其系统模型与控制策略与传统大电网都存在较大区别。本章以交流微电网为例，针对微电网的特点，从分布式电源和储能元件模型、网络模型与控制策略三个方面对微电网进行建模。

2.2　分布式电源和储能元件模型

分布式电源和储能装置是微电网的主要组成部分，其主要包括：光伏电池、风力发电、微型燃气轮机和储能装置等。本节将对以上几种电源和储能设备进行分析研究。

2.2.1　光伏发电系统

从能量变换的结构来看，目前光伏发电系统依照级数主要可以划分为单级式结构和双级式结构。单级式光伏发电系统中，光伏阵列通过电容器与并网逆变器直接相连，其结构如图2-1所示。光伏阵列通过串联将直流电压提升到足够的电压等级以保证光伏逆变器正常工作所需的直流母线电压。单级式的优点在于系统拓扑结构简单，且相对于二级式或多级式结构，只有一个能量变换环节，因此效率高。其缺点在于，由于光伏并网逆变器的控制系统同时实现最大功率跟踪和并网功能，对控制性能要求较高，并且在光照强度低时，光伏阵列端电压偏低，并网逆变器无法正常工作。

双级式光伏发电系统的结构如图2-2所示，相比单级式结构，双级式结构在光伏阵列与并网DC/AC逆变器之间增加了DC/DC变换器这一环节。其工作原理是光伏电池阵列所产生的直流电通过DC/DC变换器后变换成另外一个电压等级的直流电（一般情况下升压变换），然后再通过DC/AC光伏并网逆变器变换为交流电输入微电网。第一级变换将光伏电池阵列所产生的直流电通过DC/DC变换后，将其变换成受控的直流电提供给后级的光伏并网逆变器，实现对光伏电池阵列的最大功率跟踪功能。第二级的光伏并网逆变器将直流母线上的直流电逆变为交流电,实现中间直流母线电压的稳压功能。双级式结构的优点在于其最大功率跟踪和功率的并网输出分别由前后两级独立控制,控制器设计简单;其缺点在于系统结构相对于单级式拓扑比较复杂,整个系统成本会增加,同时因整个系统通过两个变换环节实现并网,多了一级能量损耗环节,使得系统整体效率没有单级式高。

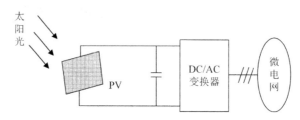

图 2-1   光伏发电系统单级式结构

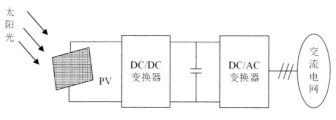

图 2-2   光伏发电系统双级式结构

以下将针对光伏阵列、DC/DC 变换器、DC/AC 变换器模型进行详细介绍。

1. 光伏阵列模型

单二极管的光伏电池对应的等效电路如图2-3所示。

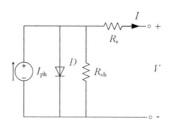

图 2-3   光伏电池单二极管模型等效电路

太阳能电池的电流方程可以用式(2.1)表示:

$$I = I_{\text{ph}} - I_0 \left\{ \exp\left[\frac{q(V + R_{\text{s}}I)}{nkT}\right] - 1 \right\} - \frac{V + R_{\text{s}}I}{R_{\text{sh}}} \tag{2.1}$$

式中:I 为太阳能电池输出电流(工作电流);V 为太阳能电池输出电压(工作电压);I_{ph} 为光生电流,其值与光伏电池的面积大小有关,受光照强度和温度影响;I_0 为二极管饱和电流;q 为电子的电荷量（1.610^{19}C）；R_s 为太阳能电池的串联电阻；n 为二极管特性因子，通常取值 $1 \sim 2$；k 为玻耳兹曼常数（1.3810^{-23}J/K）；T 为太阳能电池温度；R_{sh} 为太阳能电池的并联电阻。

2. 前级 DC/DC 变换器控制策略

通过控制前级 DC/DC boost 电路以实现光伏阵列的最大功率点跟踪（Maximum Power Point Tracking, MPPT），对前级 boost 电路所采用的控制策略如图2-4所示。

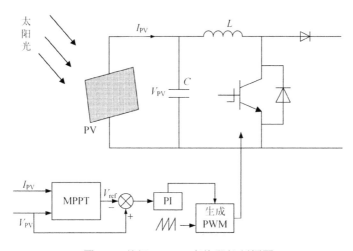

图 2-4　前级 DC/DC 变换器控制框图

如图2-4所示，DC/DC 变换器的控制部分主要完成太阳能电池阵列的最大功率点跟踪控制。根据采样当前太阳能电池阵列的输出电压和电流值，通过 MPPT 控制算法找到太阳能电池阵列的最佳工作点电压，然后控制 DC/DC 变换器的开关管占空比来调节系统的工作点。关于 MPPT 控制算法，目前已经有许多广泛使用的成熟的方法，如恒电压跟踪法（CVT）、爬山法/扰动观察法（P&O）、电导增量法等。

其中，电导增量法相比于其他方法实现方便、跟踪准确、调节较快、稳定性好，这里以其为例进行介绍。电导增量法的基本原理如下：由光伏电池的 P-V 特性曲线可知，在最大功率点有 $\mathrm{d}P/\mathrm{d}V=0$，即

$$\mathrm{d}(IV)/\mathrm{d}V = V\mathrm{d}I/\mathrm{d}V + I = 0 \tag{2.2}$$

由上式可推导得出在最大功率点处有以下等式成立

$$\frac{\mathrm{d}I}{\mathrm{d}V} = -\frac{I}{V} \tag{2.3}$$

通过式（2.3）判断 $\mathrm{d}I/\mathrm{d}V$ 与 $-I/V$ 的关系便可确定光伏阵列端口电压所处的位置是在最大功率点电压左侧还是右侧，进而可通过调节开关管的占空比使光伏阵列工作在最大功率点处。电导增量法的控制流程图如图2-5所示。

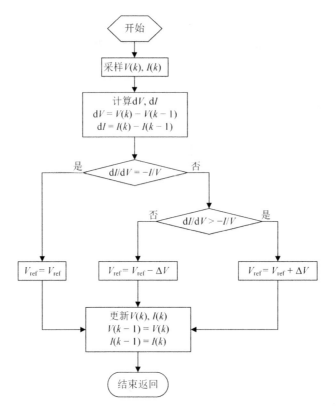

图 2-5　电导增量法控制流程图

3. 后级 DC/AC 逆变器控制策略

后级 DC/AC 逆变器其主电路结构如图2-6所示，图中 I_{load} 为直流侧的负载电流，在光伏发电系统中后级 DC/AC 逆变器的负载也就是光伏系统前级 DC/DC 变换器；u_{dc} 为中间电容两端的直流电压；v_{ca}、v_{cb}、v_{cc} 分别为后级 DC/AC 逆变器交流侧三相相电压；I_{ga}、I_{gb}、I_{gc} 表示后级 DC/AC 逆变器交流侧三相电流；U_{ga}、U_{gb}、U_{gc} 表示电网的三相相电压；L_g、R 分别表示后级 DC/AC 逆变器交流侧与电网之间每相的等效电感、等效电阻。

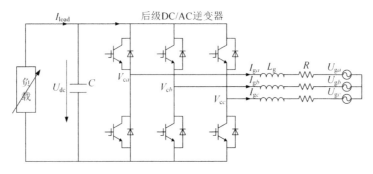

图 2-6　后级 DC/AC 逆变器主电路结构

在三相静止 abc 坐标系下的后级 DC/AC 逆变器数学模型为

$$\begin{cases} v_{ca} = L_g \dfrac{di_{ga}}{dt} + Ri_{ga} + u_{ga} \\[2mm] v_{cb} = L_g \dfrac{di_{gb}}{dt} + Ri_{gb} + u_{gb} \\[2mm] v_{cc} = L_g \dfrac{di_{gc}}{dt} + Ri_{gc} + u_{gc} \end{cases} \tag{2.4}$$

基于电网电压定向的矢量控制技术将同步旋转 dq 坐标系的 d 轴正方向始终保持在与电网电压矢量方向上，使 dq 坐标系随电网电压矢量一起同步旋转。通过坐标系的转换可将输出三相电流转换到同步旋转 dq 坐标系上的有功电流和无功电流，分别控制有功电流、无功电流来实现输出到电网的有功、无功的独立、解耦控制，可实现精确控制。

基于电网电压定向的三相静止 abc 坐标系、两相静止 $\alpha\beta$ 坐标系，以及两相同步旋转的 dq 坐标系之间的矢量关系如图2-7所示。

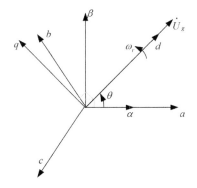

图 2-7　基于电网电压定向的各坐标系间的矢量关系图

基于电网电压定向的 dq 坐标系下的后级 DC/AC 逆变器的数学模型为

$$\begin{cases} v_{cd} = Ri_d + L\dfrac{di_d}{dt} - \omega_r Li_q + u_{gd} \\[2mm] v_{cq} = Ri_q + L\dfrac{di_q}{dt} + \omega_r Li_d + u_{gq} \end{cases} \tag{2.5}$$

在采用 d 轴电网电压定向时，$u_{gq}=0, u_g = u_{gd} + ju_{gq} = u_{gd}$，则逆变器输送到电网的有功、无功分别表示为。

$$\begin{cases} P_g = \dfrac{3}{2}(u_{gd}i_d + u_{gq}i_q) = \dfrac{3}{2}u_{gd}i_d \\[2mm] Q_g = \dfrac{3}{2}(u_{gq}i_d - u_{gd}i_q) = -\dfrac{3}{2}u_{gd}i_q \end{cases} \tag{2.6}$$

2.2.2　风力发电系统

风力发电系统的分类方法有多种，按照发电机的类型划分，可分为同步发电机型和异步发电机型两种；按照风机驱动发电机的方式划分，可分为直驱式和使用增速齿轮箱驱动两种类型；另一种更为重要的分类方法是根据风速变化时发电机转速是否变化，将其分为恒频/恒速和恒频/变速两种，如图2-8所示。

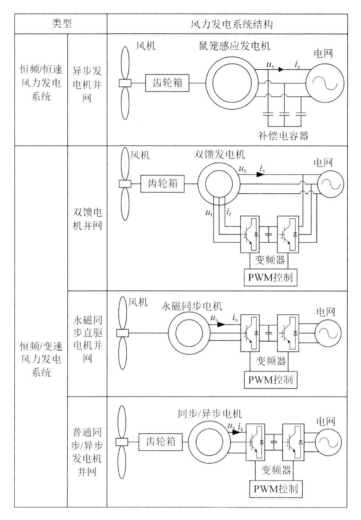

图 2-8　典型风力发电并网系统

双馈风力发电系统、永磁同步直驱风力发电系统一般用于大型风力发电机组并网，容量相对较大，在微电网中一般采用较少。此外，也可以采用普通同步发电机或异步发电机通过变频器并网，但由于发电机转速较高，风机与发电机间需要通过齿轮箱进行啮合。

在恒频/恒速风力发电系统中，发电机直接与电网相连，在风速变化时，采用定桨距控制或者失速控制维持发电机转速恒定。一般以异步发电机直接并网的形式较为常见，无功功率不可控，需要电容器组或 SVC 进行无功补偿。这种类型风力发电系统的优点是结构简单、成本低，容量通常较小，在微电网中较为常见。

虽然风力发电系统的并网形式有多种，但在风机本身结构上仍有不少相似之处。本节以恒频/恒速风力发电系统为例进行介绍。对于恒频恒速风机模型，仿真子系统包括空气动力系统模型、桨距控制模型、发电机轴系模型等。空气动力系统模型依控制方式不同而略有差别；桨距控制模型采用主动失速变桨距控制模型；轴系模型根据系统的不同，可考虑三质块模型、两质块模型和单质块模型。

1. 空气动力系统模型

该模型用于描述将风能转化为风机功率输出的过程，其能量转换公式为

$$P_w = \frac{1}{2}\rho\pi R^2 v^3 C_p \tag{2.7}$$

式中：ρ 为空气密度（kg/m³）；R 为风机叶片的半径（m）；v 为叶尖来风速（m/s）；C_p 为风能转换效率，是叶尖速比 λ 和叶片桨距角 θ 的函数，表达式为

$$C_p = f(\theta, \lambda) \tag{2.8}$$

叶尖速比 λ 定义为

$$\lambda = \frac{\omega_w R}{V} \tag{2.9}$$

式中，ω_w 为风机机械角速度（rad/s）。对于变桨距系统，C_p 与叶尖速比 λ 和桨距角 θ 均有关系，随着桨距角 θ 的增大，C_p 曲线整体减小。当采用变桨距变速控制时，控制系统先将桨距角置于最优值，进一步通过变速控制使叶尖速比 λ 等于最优值 λ_{opt}，从而能够使风机在最大风能转换效率 C_p^{max} 下运行。对于定桨距系统，C_p 只与叶尖速比 λ 有关，桨距角为 0° 不作任何调节，因此风机只能在某一风速下运行在最优风能转换效率 C_p^{max}，而更多时候则运行在非最佳状态。对于恒频/恒速变桨距控制的风力发电机组，与式（2.8）对应的一种 C_p 特性曲线近似式为

$$C_p = 0.5\left(\frac{RC_f}{\lambda} - 0.022\theta - 2\right)e^{-0.255\frac{RC_f}{\lambda}} \tag{2.10}$$

式中：C_f 为叶片设计参数，一般取 1~3。

2. 桨距控制模型

低压配电系统一般接入恒频恒速风力发电系统，以定桨距（主动失速型）风力发电机组为主导机型。主动失速控制是指当风速在额定风速以下，控制器将桨距角置于 0°，不做变化，可认为等同于定桨距风力发电机组，发电机的功率根据叶片的气动性能随风速的变化而变化。当风速超过额定风速时，通过桨距角控制可以防止发电机的转速和输出功率超过额定值。同时，当风速超过额定风速时，叶片失速特性导致输出功率有所下降，为了弥补这部分功率损失，控制系统动作，在一个较小的范围内调整桨距角，有助于提高风机的功率输出。在实际运行环境下，由于风速的准确测量存在一定困难，往往以发电机的电气量作为控制信号，侧面反映风速的变化情况，如发电机转速、输出功率等。图2-9给出了以发电机转速 ω_g 作为控制器输入信号实现主动失速控制的系统框图。

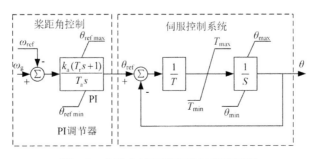

图 2-9　主动失速变桨距控制系统框图

θ_{refmax} 和 θ_{refmin} 为 PI 调节器上限和下限幅值。θ_{refmin} 一般设为零,当发电机转速 ω_{g} 低于额定转速 ω_{ref} 时,PI 调节器输出 θ_{ref} 为零,桨距角 θ 相应地被控制在 0°,伺服控制系统不动作。当发电机转速 ω_{g} 高于额定转速 ω_{ref} 时,PI 调节器的输出 θ_{ref} 大于零,伺服控制系统动作,实现桨距角的调节。T 为伺服控制系统的比例控制常数,T_{max} 和 T_{min} 为伺服控制系统比例控制输出的上限和下限幅值;θ_{max} 和 θ_{min} 为桨距角上限和下限幅值。

3. 两质块轴系模型

风力发电系统的轴系一般包含有三个质块:风机质块、齿轮箱质块和发电机质块(直驱风力发电系统无齿轮箱质块)。风机质块一般惯性较大,而齿轮箱惯性较小,其主要作用是通过低速转轴和高速转轴将风机和发电机啮合在一起。由于各个质块惯性相差较大,不同风力发电系统的质块构成也不完全一致,三质块模型、两质块模型和单质块模型都可能会涉及。

由于齿轮箱的惯性相比风机和发电机而言较小,有时可以将齿轮箱的惯性忽略,将低速轴各量折算到高速轴上,此时的两质块轴系系统如图2-10所示。

图 2-10   两质块轴系系统示意图

动态方程为式(2.11):

$$\begin{cases} T_{\text{w}} = J_{\text{w}}\dfrac{\mathrm{d}\omega_{\text{w}}}{\mathrm{d}t} + D_{\text{tg}}(\omega_{\text{w}} - \omega_{\text{g}}) + K_{\text{tg}}(\theta_{\text{w}} - \theta_{\text{g}}) \qquad T_{\text{w}} = \dfrac{P_{\text{w}}}{\omega_{\text{w}}} \\[3mm] -T_{\text{g}} = J_{\text{g}}\dfrac{\mathrm{d}\omega_{\text{g}}}{\mathrm{d}t} + D_{\text{tg}}(\omega_{\text{g}} - \omega_{\text{w}}) + K_{\text{tg}}(\theta_{\text{g}} - \theta_{\text{w}}) \qquad T_{\text{g}} = \dfrac{P_{\text{g}}}{\omega_{\text{g}}} \end{cases} \tag{2.11}$$

式中:T_{w} 为风机的转矩;J_{w} 为风机的惯性常数;ω_{w} 为风机的转速;D_{tg} 为风机、发电机轴系折算后等效阻尼系数;K_{tg} 为风机轴系、发电机轴系折算后等效刚性系数;θ_{w} 为风机质块转角;T_{g} 为发电机的机械转矩;J_{g} 为发电机的惯性常数;ω_{g} 为发电机的转速;θ_{g} 为发电机质块转角。

2.2.3　微型燃气轮机

微型燃气轮机是一种新发展起来的小型热力发动机,微型燃气轮机发电系统是以可燃性气体为燃料,可同时产生热能和电能的系统,它具有有害气体排放少、效率高、安装方便、维护简单等特点。

微型燃气轮机由压气机、燃烧室、燃气涡轮等主要部件组成,是一种涡轮式热力流体机械。微型燃气轮机动力装置还包括空气冷却器、回热器、废气锅炉等,这些可以提高其循环热效率。压气机的作用是从周围大气吸入空气,连续不断地向燃烧室提供高压空气,实现热力循环中的空气压缩过程。燃烧室的作用是将空气与燃料进行充分的混合然后燃烧,将燃料的化学能以热能形式释放出来。燃气涡轮的作用是将燃气的热能和压力能转变为轴上的机械能,一部分用带动压气机工作,另一部分为发电机提供原动力。

由微型燃气轮机组成的微型燃气轮机发电系统结构如图2-11所示。

图 2-11　微型燃气轮机发电系统结构

目前微型燃气轮机发电系统主要有两种结构类型：单轴结构和分轴结构。其中单轴更为常用，单轴结构微型燃气轮机发电系统具有效率高、维护少、运行灵活、安全可靠等优点，是目前技术最成熟、应用前景最为广泛的分布式电源。其独特之处在于压气机与发电机安装在同一转动轴上，其结构如图2-12所示。

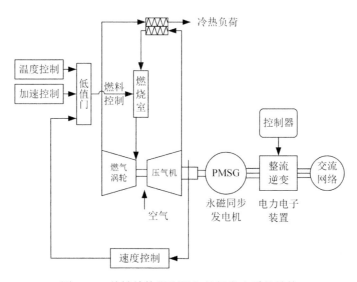

图 2-12　单轴结构微型燃气轮机发电系统结构

单轴微型燃气轮机的发电系统主要包括微型燃气轮机、永磁同步发电机、整流和逆变装置等。燃料系统将天然气、甲烷等燃气送到燃烧室，经过回热器预热的压气机输出的高压空气与燃气充分混合，燃烧后产生高温高压气体驱动发电机的涡轮高速旋转，其旋转速度高达 30000 ～ 120000r/min。永磁同步发电机产生的高频交流电通过整流装置然后通过逆变装置进行逆变后转换为工频交流电输送到电网或者直接供给负荷。回热器排出的带有余热的气体除了可以预热从压气机出来的高压空气外，还可以通过制冷机或者交换器直接供给冷和热负荷。满负荷运行时，一般微型燃气轮机的效率可以达到30%，如果实现冷热电联供，其效率可以上升到75%。

本节将以罗恩提出的单轴单循环重负荷燃气轮机为基本模型，该单轴微型燃气轮机模型主要由速度控制环节、温度控制环节、燃料供给控制环节、微型燃气轮机环节等组成。

1. 速度控制环节

正常运行时，微型燃气轮机速度控制环节的作用是在一定的负荷变化范围内维持转速基本不变。微型燃气轮机主要通过改变燃料量来控制转速，与大型发电用燃气轮机主要通过改变蒸汽流量来保护转速不变有所不同，速度控制器主要通过调节微型燃气轮机的燃料需求量，达到控制机组转速的目的。此外，速度控制器还包括用于机组启动的加速控制环节，主要限制启动过程中机组的加速率，当机组启动到额定转速后，加速控制将自动关闭，在微型燃气轮机进入正常运行状态后，可以忽略该环节的影响。

速度控制环节可以分为有差和无差两种方式，分别针对不同的负荷特性设计。在微电网孤网运行条件下，微型燃气轮机速度控制系统采用有差调节方式，以保证微电网电压和频率的稳定性。

如图2-13所示，有差调节环节是一个比例调节环节，微型燃气轮机主要速度控制方法以转子实际转速和基准转速的差值作为输入信号，输出信号为速度偏差比例值。在实际应用中，由于存在时间常数，因此速度控制环节是一个比例-惯性环节。

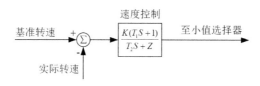

图 2-13　速度控制模型

2. 温度控制环节

温度控制是燃气轮机的主要特点之一。如图2-14所示，温度调节系统包含一个PI调节器。输入信号是热电偶测量的排气温度，然后与基准排气温度进行比较，其差值作为温度控制燃料的输入信号。经过PI控制器调节，将温度控制信号输出至最小值选择器。正常运行时，燃气轮机通过改变燃料量来控制透平入口温度以防其温度太高影响透平叶轮的寿命。

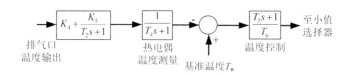

图 2-14　温度控制模型

3. 燃料供给控制环节

如图2-15所示，燃料供给控制环节主要由阀门定位器和燃料控制阀构成，两者通过串联的方式进行控制，以达到精确控制燃料流量的目的。其中，输入信号是根据转速控制环节、加速度控制环节、温度控制环节等三个环节产生的三个燃料流量控制信号，经过一个最小值选择器的比较，选择一个最小的燃料基准值输入到燃料控制系统。

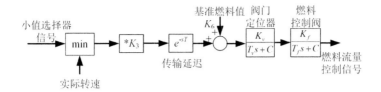

图 2-15 燃料供给控制模型

4. 微型燃气轮机环节

燃气轮机环节是线性的非动态系统，是微型燃气轮机系统的核心部分，由燃气机、压气机和涡轮三个部分组成。如图2-16所示，两个延迟环节分别表示燃烧室内部的燃烧过程和排气系统的工作情况，压气机排气的过程则用一个一阶惯性环节来表示。燃料供给控制环节的输出信号与发电机的实际转速作为燃气轮机的输入信号，输出信号为涡轮的机械转矩和排气口温度。其表达式为

$$T_m = 1.3(\omega_f - 0.23) + 0.5(1 - \omega) \tag{2.12}$$

$$T_x = T_R - 700(1 - \omega_f) + 550(1 - \omega) \tag{2.13}$$

式中：ω_f（标幺值）表示燃料供给信号；ω 是微型燃气轮机的转速。

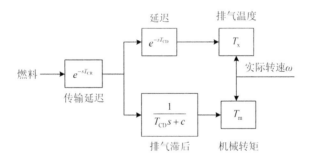

图 2-16 燃气轮机模型

2.2.4 蓄电池储能系统

蓄电池是一种电化学储能设备，既能够将氧化还原反应所释放出的化学能直接转变成低压直流电能，又能吸收电能转化为化学能储存，目前是微电网中应用最为广泛的储能设备之一。根据所使用的化学物质不同，可分为铅酸电池、镍镉电池、镍氢电池、钠硫电池、锂离子电池等。

蓄电池常通过逆变器直接并网或通过 DC/DC 变换器接逆变器并网，为了简化研究常常忽略蓄电池自身的充放电动态，用理想直流电压源或图2-17所示的简单等效电路作为蓄电池模型。图2-17所示简单等效电路模型由一个理想电压源串联电池内阻构成。特点是结构简单，参数恒定，适用于不考虑蓄电池动态特性的情况。该模型中，蓄电池端电压与流过蓄电池电流的关系如下式所示：

$$V_b = E_0 - I_b R_i \tag{2.14}$$

式中：E_0 为理想电压源。

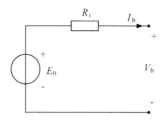

图 2-17　蓄电池简单等效电路模型

　　另外一种等效模型称之为戴维南等效电路模型，由理想电压源 E_0、内阻 R_p、过电压电容 C_0 和过压电阻 R_0 组成，如图2-18所示。在实际中，上述参数均随蓄电池电荷状态、电解液温度、蓄电池电流变化而变化，但在应用戴维南等效电路模型时，假定所有参数为常量，蓄电池的动态过程只由过电压电容反应。戴维南等效电路模型可由下式（2.15）描述：

$$\begin{cases} V_b = E_0 - u_c - I_b R_i \\ \dfrac{du_c}{dt} = \dfrac{1}{R_0 C_0}(I_b R_0 - u_c) \end{cases} \tag{2.15}$$

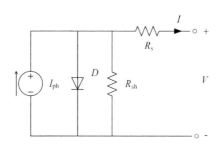

图 2-18　戴维南等效电路模型

　　为克服戴维南模型参数恒定的缺点，有学者在戴维南模型基础上提出了改进戴维南等效电路模型。该模型结构与原戴维南等效电路模型相同，但该模型中考虑了各参数随蓄电池电流变化而变化的情况。

　　实际应用中，单个蓄电池的电压和容量往往不能满足系统的需求，需要将多个蓄电池串并联组成蓄电池组。以戴维南等效电路模型为例，蓄电池组的等效电路如图2-19（a）所示。图中蓄电池组由 $m \times n$ 个蓄电池组成，其中 n 为并联支路数，m 为每条支路上串联的蓄电池个数。

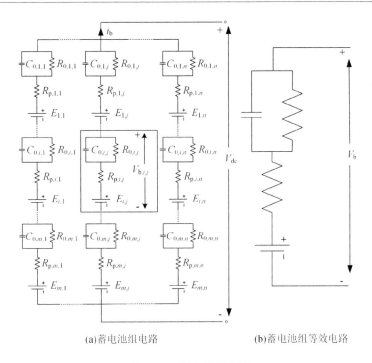

(a)蓄电池组电路　　　　　　　(b)蓄电池组等效电路

图 2-19　蓄电池组电路

蓄电池组的等效电路可以化简为如图2-19（b）所示的电路结构，与单个蓄电池等效电路结构相同。此时，简化后等效电路中的参数可由下式计算：

$$
\begin{cases}
E_{\mathrm{b}} = mE_{\mathrm{b},i,j}/n \\
R_{\mathrm{p}} = mR_{\mathrm{p},i,j}/n \\
R_0 = mR_{\mathrm{o},i,j}/n \\
C_0 = nC_{\mathrm{o},i,j}/m
\end{cases}
\tag{2.16}
$$

2.3　网络模型

微电网中分布式电源可以是单相的，也可以是两相或三相的形式；负荷可以是不平衡的，也可以缺相；线路呈阻性，且自阻抗或互阻抗参数可能不对称。这些不平衡情况导致微电网系统失去相序分离的特性，因此采用 abc 坐标系进行描述比较合适。微电网中变压器可以是各种接线方式，如 Y,D 或者 D,yn 型，负荷或者投切电容器组也可以采用三角形不接地结构，若采用相电压、相电流对以上元件进行双端口建模，模型是不可逆的。因此，本节在 abc 坐标系下对微电网系统采用"相线分量"混合建模方法，即对网络三角形接线部分采用线电压、相电流进行双端口建模，消除不可逆情况。

2.3.1　变压器稳态模型

在输电系统中，采用 012 坐标系，$xy0$ 坐标系描述各种接线形式的变压器模型已有大量讨论。下面以常用 D,yn11（△,/Y0-11）变压器为例，如图2-20所示，讨论 abc 坐标系统下微电网变压器建模方法（更多模型可见参考文献 [6]）。

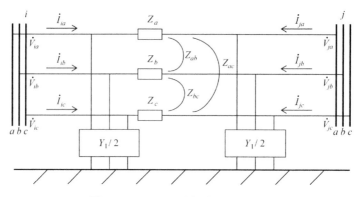

图 2-20　D,yn11 型变压器等值电路

记变压器的原边短路导纳（漏导纳）为 $y_T = \frac{1}{R_T} + \mathrm{j}\frac{1}{X_T}$，变压器实用简化三相模型可以忽略各相间的耦合，只保留原、副边线圈之间的耦合。原边线圈的自导纳 y_p、副边线圈的自导纳 y_s、同一铁芯柱上的原边线圈和副边线圈之间的互导纳 y_m 之间存在关系 $y_p = y_s = y_m = y_T$。若考虑变压器的非标准变比，表征变压器的节点电流向量 $\dot{I}_n = \begin{bmatrix} \dot{I}_P^A & \dot{I}_P^B & \dot{I}_P^C & \dot{I}_S^a & \dot{I}_S^b & \dot{I}_S^c \end{bmatrix}^T$ 和节点电压向量 $\dot{V}_n = \begin{bmatrix} \dot{U}_P^A & \dot{U}_P^B & \dot{U}_P^C & \dot{U}_S^a & \dot{U}_S^b & \dot{U}_S^c \end{bmatrix}^T$ 之间关系可用下式表示：

$$
\begin{bmatrix} \dot{I}_P^A \\ \dot{I}_P^B \\ \dot{I}_P^C \\ \dot{I}_S^a \\ \dot{I}_S^b \\ \dot{I}_S^c \end{bmatrix} = \begin{bmatrix} \dfrac{y_T}{\alpha^2}\begin{bmatrix} 2 & -1 & -1 \\ -1 & 2 & -1 \\ -1 & -1 & 2 \end{bmatrix} & \dfrac{-y_T}{\alpha\beta}\begin{bmatrix} 1 & -1 & 0 \\ 0 & 1 & -1 \\ -1 & 0 & 1 \end{bmatrix} \\ \dfrac{-y_T}{\alpha\beta}\begin{bmatrix} 1 & 0 & -1 \\ -1 & 1 & 0 \\ 0 & -1 & 1 \end{bmatrix} & \dfrac{y_T}{\beta^2}\begin{bmatrix} 1 & 0 & 0 \\ 0 & 1 & 0 \\ 0 & 0 & 1 \end{bmatrix} \end{bmatrix} \begin{bmatrix} \dot{U}_P^A \\ \dot{U}_P^B \\ \dot{U}_P^C \\ \dot{U}_S^a \\ \dot{U}_S^b \\ \dot{U}_S^c \end{bmatrix} = Y_T \begin{bmatrix} \dot{U}_P^A \\ \dot{U}_P^B \\ \dot{U}_P^C \\ \dot{U}_S^a \\ \dot{U}_S^b \\ \dot{U}_S^c \end{bmatrix} \tag{2.17}
$$

式（2.17）中，α、β 为变压器原、副边的分接头，Y_T 为变压器节点导纳矩阵，由于原边是三角形不接地，因此 Y_T 是奇异的，无法并入全系统节点导纳矩阵中参与网络求解。若将原边采用线电压代入式中，Y_T 维数将降为 5×5。则变压器的相线分量混合形式的稳态模型为

$$
\begin{bmatrix} \dot{I}_P^A \\ \dot{I}_P^B \\ \dot{I}_S^a \\ \dot{I}_S^b \\ \dot{I}_S^c \end{bmatrix} = \begin{bmatrix} \dfrac{y_T}{\alpha^2}\begin{bmatrix} 2 & 1 \\ -1 & 1 \end{bmatrix} & \dfrac{y_T}{\alpha\beta}\begin{bmatrix} 1 & -1 & 0 \\ 0 & -1 & 1 \end{bmatrix} \\ \dfrac{y_T}{\alpha\beta}\begin{bmatrix} 1 & 1 \\ -1 & 0 \\ 0 & -1 \end{bmatrix} & \dfrac{y_T}{\beta^2}\begin{bmatrix} 1 & 0 & 0 \\ 0 & 1 & 0 \\ 0 & 0 & 1 \end{bmatrix} \end{bmatrix} \begin{bmatrix} \dot{U}_P^{AB} \\ \dot{U}_P^{BC} \\ \dot{U}_S^a \\ \dot{U}_S^b \\ \dot{U}_S^c \end{bmatrix} = Y_T' \begin{bmatrix} \dot{U}_P^{AB} \\ \dot{U}_P^{BC} \\ \dot{U}_S^a \\ \dot{U}_S^b \\ \dot{U}_S^c \end{bmatrix} \tag{2.18}
$$

采用相分量与线分量混合表述的节点导纳矩阵 Y_T' 可以并入全系统节点导纳矩阵，由于线分量维数小于相分量，因此整个系统节点导纳矩阵维数小于 $3n \times 3n$，n 为系统的母线数。

若变压器某一侧存在三角形或者星形不接地的接线方式，均可采用上述思路，将不接地侧改为采用线对线电压，则可得到相分量与线分量混合表述节点导纳矩阵，如果变压器的两侧均不接地，则两侧都采用线对线电压，用线分量表述的节点导纳矩阵的维数降为 4×4，其他接地形

式的变压器模型仍然可以采用相分量正常表达。

2.3.2　线路稳态模型

在 012 坐标系下和 $xy0$ 坐标系下的其他元件模型已有大量介绍，本节主要针对微电网在 abc 坐标系下的数学模型加以阐述。微电网基本是非对称的，因此精确分析不应对导体排列位置、导体型号和换位问题进行假设。1926 年卡森提出了一种计算任意数量架空线的自阻抗和互阻抗的方法，该方法同样适用于地下电缆。通过卡森方法可以计算出线路的相阻抗矩阵和相导纳矩阵。精确模型为如图2-21所示的三相 π 型等值电路，其中，母线 i 和母线 j 分别为线路的入端母线和出端母线，$\mathbf{Z}_1$ 为线路的串联阻抗矩阵，$\mathbf{Y}_1$ 为线路的并联（对地）导纳矩阵。$\mathbf{Z}_1$ 和 $\mathbf{Y}_1$ 皆为 $n{\times}n$ 复矩阵，n 为线路的相数，当 n 取 1、2、3 时，分别代表单相线路、两相线路和三相线路。

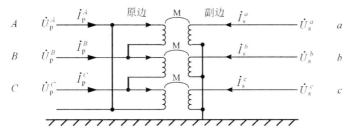

图 2-21　线路精确模型

其中串联阻抗矩阵 $\mathbf{Z}_1$ 为

$$\mathbf{Z}_1 = \begin{bmatrix} Z_{aa} & Z_{ab} & Z_{ac} \\ Z_{ba} & Z_{bb} & Z_{bc} \\ Z_{ca} & Z_{cb} & Z_{cc} \end{bmatrix} \tag{2.19}$$

并联对地导纳矩阵为

$$\frac{\mathbf{Y}_1}{2} = \frac{1}{2} \times \begin{bmatrix} y_{aa} & y_{ab} & y_{ac} \\ y_{ba} & y_{bb} & y_{bc} \\ y_{ca} & y_{cb} & y_{cc} \end{bmatrix} \tag{2.20}$$

由式（2.19）和式（2.20），得到线路的精确模型对应导纳矩阵 $\mathbf{Y}_{\mathrm{L}}$。

$$\mathbf{Y}_{\mathrm{L}} = \begin{bmatrix} \mathbf{Z}_1^{-1} + \frac{1}{2}\mathbf{Y}_1 & -\mathbf{Z}_1^{-1} \\ -\mathbf{Z}_1^{-1} & \mathbf{Z}_1^{-1} + \frac{1}{2}\mathbf{Y}_1 \end{bmatrix} \tag{2.21}$$

一般微电网中线路忽略并联对地导纳的影响，得到修正模型的对应导纳矩阵：

$$\mathbf{Y}_{\mathrm{L}} = \begin{bmatrix} \mathbf{Z}_1^{-1} & -\mathbf{Z}_1^{-1} \\ -\mathbf{Z}_1^{-1} & \mathbf{Z}_1^{-1} \end{bmatrix} \tag{2.22}$$

2.3.3　负荷稳态模型

微电网静态负荷可以是星形接地、三角形三相平衡或不平衡负荷，也可以是单相或是两相接地负荷，如图2-22所示。图中用 x、y、z 表示 a、b、c 三相的任意一种排列，也即表明单相或两相接地负荷可以接在任意一相或两相与地之间。

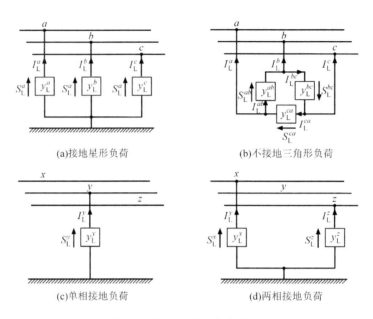

图 2-22   微电网静态负荷模型

考虑三相不平衡情况，由负荷节点的电压相量 $\dot{V}$ 和负荷恒定模型参数，根据需要选择计算负荷导纳矩阵 $\boldsymbol{Y}_{\mathrm{L}}$、负荷注入电流向量 $\dot{\boldsymbol{I}}_{\mathrm{L}}$、负荷注入功率向量 $\tilde{\boldsymbol{S}}_{\mathrm{L}}$。设配电负荷的复功率的基量为 $\tilde{S}_{\mathrm{L0}}$，接地星形负荷复功率可表示为 $\tilde{\boldsymbol{S}}_{\mathrm{L0}} = \left[\tilde{S}_{\mathrm{L0}}^{a}, \tilde{S}_{\mathrm{L0}}^{b}, \tilde{S}_{\mathrm{L0}}^{c}\right]^{\mathrm{T}}$，不接地三角形负荷可表示为 $\tilde{\boldsymbol{S}}_{\mathrm{L0}} = \left[\tilde{S}_{\mathrm{L0}}^{ab}, \tilde{S}_{\mathrm{L0}}^{bc}\right]^{\mathrm{T}}$。以不接地三角形负荷为例，导纳元素可以写为

$$\begin{cases} y_{\mathrm{L}}^{ab} = -\hat{S}_{\mathrm{L0}}^{ab}\big/\left|\dot{\boldsymbol{V}}^{ab}\right|^{2} \\ y_{\mathrm{L}}^{bc} = -\hat{S}_{\mathrm{L0}}^{bc}\big/\left|\dot{\boldsymbol{V}}^{bc}\right|^{2} \\ y_{\mathrm{L}}^{ca} = -\hat{S}_{\mathrm{L0}}^{ca}\big/\left|\dot{\boldsymbol{V}}^{ca}\right|^{2} = \left(\hat{S}_{\mathrm{L0}}^{ab} + \hat{S}_{\mathrm{L0}}^{bc}\right)\big/\left|\dot{\boldsymbol{V}}^{ca}\right|^{2} \end{cases} \tag{2.23}$$

式中：（^）代表复数共轭。

如前所述，对于不接地元件，宜采用相线分量混合形式进行描述，三角形恒阻抗负荷上流过的线电压、相电流之间关系为

$$\begin{bmatrix} \dot{\boldsymbol{I}}_{a} \\ \dot{\boldsymbol{I}}_{b} \end{bmatrix} = \begin{bmatrix} y_{\mathrm{L}}^{ca} + y_{\mathrm{L}}^{ab} & y_{\mathrm{L}}^{ca} \\ -y_{\mathrm{L}}^{ab} & y_{\mathrm{L}}^{bc} \end{bmatrix} \begin{bmatrix} \dot{\boldsymbol{V}}_{ab} \\ \dot{\boldsymbol{V}}_{bc} \end{bmatrix} \tag{2.24}$$

不接地三角形恒电流、恒功率负荷模型与恒阻抗模型相类似，可以采用相线分量混合表达。其他接线方式的负荷模型仍然可以采用相分量完全表达，在此不做具体介绍，具体可见参考文献 [6]。

2.4　微电网随机性模型

微电网中存在大量的新能源发电设备，其出力受环境影响，在模型中应该充分考虑随机因素的影响。本节针对风力、光照与负荷中存在的随机因素，对目前常用的随机性模型进行介绍。

2.4.1　风力发电随机性模型

风力发电系统中随机性主要来源于风速的波动。关于风速的分布，国内外有过不少研究，一般认为风速分布为正偏态分布。用于拟合风速分布的模型很多，现常用的风速模型一般为 4 分量组合风速模型和两参数威布尔分布模型。

1.4 分量组合风速模型

4 分量组合风速模型由基本风、阵风、渐变风、随机风组成。基本风在风电机组正常运行过程中一直存在，基本反映了风电场的平均风变化，风机组的出力大小也主要由基本风来决定。一般认为基本风风速是作用于风轮上的一个平均风速，不随时间而变化，因而可以取常数表示：

$$V_b = k \tag{2.25}$$

式中：V_b 为基本风风速。

阵风用于描述风速突然变化的特性。在分析风力发电系统对微电网电压波动的影响时，通常考虑其在较大风速变化的情况下的动态特性。

$$V_g = \begin{cases} 0, (t < t_1) \\ \dfrac{V_{gmax}}{2}\left\{1 - \cos\left[2\pi\left(\dfrac{t - t_1}{T_g}\right)\right]\right\}, (t_1 < t < t_1 + T_g) \\ 0, (t > t_1 + T_g) \end{cases} \tag{2.26}$$

式中：V_g 为阵风风速；V_{gmax} 为阵风风速峰值；t_1 为阵风开始时间；T_g 为阵风周期；t 为时间。

渐变风用来描述风速的渐变性特点：

$$V_r = \begin{cases} 0, (t < t_{r1}) \\ V_{rmax}\dfrac{t - t_{r1}}{t_{r2} - t_{r1}}, (t_{r1} < t < t_{r2}) \\ V_{rmax}, (t_{r2} < t < t_{r2} + t_{r3}) \end{cases} \tag{2.27}$$

式中：V_r 为渐变风风速；V_{rmax} 为渐变风风速峰值；t_{r1} 为风速渐变的开始时间；t_{r2} 为风速渐变的结束时间；t_{r3} 为风速渐变的持续时间。

随机风用于描述风速的随机性。

$$V_n = V_{nmax}R_{am}(-1,1)\cos(\omega_n t + \varphi_n) \tag{2.28}$$

式中：V_n 为随机风的风速；V_{nmax} 为随机风风速的峰值；$R_{am}(-1,1)$ 为 -1 到 1 之间均匀分布的随机数；ω_n 为风速波动的平均距离，一般取 $0.5 \sim 2\pi$ rad/s。

综合上述 4 部分的风速描述，4 分量组合风速 V_w 的表达式为

$$V_w = V_b + V_g + V_r + V_n \tag{2.29}$$

2. 两参数威布尔分布模型

威布尔（Weibull）分布双参数曲线被普遍认为是适用于风速统计描述的概率密度函数，其概率密度函数可表达为

$$f(v) = \frac{k}{c} \left(\frac{v}{c} \right)^{k-1} \exp \left[-\left(\frac{v}{c} \right) \right] \tag{2.30}$$

式中：k 和 c 为威布尔分布的两个参数，k 称为形状参数，c 称为尺度参数。

威布尔分布的参数可由平均风速 μ 和标准差 σ 近似算出：

$$k = \left(\frac{\sigma}{\mu} \right)^{-1.086} \tag{2.31}$$

$$c = \frac{\mu}{\Gamma \left(1 + \frac{1}{k} \right)} \tag{2.32}$$

2.4.2　光伏发电系统随机性模型

光伏电池的输出功率与光照强度密切相关，由于光强具有随机性，因此输出功率也是随机的。据统计，在一定时间段内（1h 或几 h），太阳光照强度可以近似看成 Beta 分布，其概率密度函数如下：

$$f(r) = \frac{\Gamma(\alpha + \beta)}{\Gamma(\alpha)\Gamma(\beta)} \left(\frac{r}{r_{\max}} \right)^{\alpha-1} \left(1 - \frac{r}{r_{\max}} \right)^{\beta-1} \tag{2.33}$$

式中：r 和 $r_{\max}$ 分别为这一时间段内的实际光强和最大光强；α、β 均为 Beta 分布的形状参数。

假设给定一太阳能电池方阵，具有 M 个电池组件，每个组件的面积和光电转换效率分别为 A_{m} 和 η_{m}（$m = 1, 2, \cdots, M$），于是这个太阳能电池方阵总的输出功率为

$$P_{\mathrm{M}} = rA\eta \tag{2.34}$$

式中：A 为方阵总面积，η 为方阵总的光电转换效率，它们分别为

$$A = \sum_{m=1}^{M} A_{\mathrm{m}} \tag{2.35}$$

$$\eta = \frac{\sum_{m=1}^{M} A_{\mathrm{m}} \eta_{\mathrm{m}}}{A} \tag{2.36}$$

已知光强的概率密度函数，通过式（2.34）可以得到太阳能电池方阵功率的概率密度函数也呈 Beta 分布：

$$f(P_{\mathrm{M}}) = \frac{\Gamma(\alpha + \beta)}{\Gamma(\alpha)\Gamma(\beta)} \left(\frac{P_{\mathrm{M}}}{R_{\mathrm{M}}} \right)^{\alpha-1} \left(1 - \frac{P_{\mathrm{M}}}{R_{\mathrm{M}}} \right)^{\beta-1} \tag{2.37}$$

式中：R_{M} 为方阵最大输出功率，$R_{\mathrm{M}} = A\eta r_{\max}$。

2.4.3　负荷随机性模型

配电负荷具有时变性，部分文献提出了对区域负荷进行预测的方法并得到其概率分布。许多文献均将负荷预测结果看作一个随机变量，并采用正态分布近似反映负荷的不确定性，这一

点在长期的实践中也得到了验证。假设负荷有功和无功参数分别是 μ_P、σ_P 和 μ_Q、σ_Q，其有功和无功的概率密度函数分别为

$$f_P = \frac{1}{\sqrt{2\pi}\sigma_P} \exp\left(-\frac{(P-\mu_P)^2}{2\sigma_P^2}\right) \tag{2.38}$$

$$f_Q = \frac{1}{\sqrt{2\pi}\sigma_Q} \exp\left(-\frac{(Q-\mu_Q)^2}{2\sigma_Q^2}\right) \tag{2.39}$$

式中：μ 为数学期望，σ^2 为方差。

2.5　微电网控制策略建模

微电网存在两种运行模式：并网模式和孤岛模式，以及在两种模式间切换的暂态。微电网中存在大量的通过电力电子装置接口的分布式电源，惯性低，过载能力差。因此，快速有效的控制策略对于微电网安全、稳定运行至关重要。控制策略包括两个层面：微电源控制和微电网综合控制。微电源控制是对微电网内单个元件分布式电源可采取的控制策略，而综合控制策略是以微电网整体运行性能为目标制定的控制方案。

2.5.1　微电源控制原理

分布式电源（微电源）的控制方法主要有三种：下垂（Droop）控制、恒功率（PQ）控制和恒压恒频（V/f）控制。下面简要介绍其控制原理。

1. 下垂控制

频率下垂特性，即系统频率和分布式电源输出有功功率的关系，如图2-23所示，呈线性关系。P_{a0} 和 P_{b0} 分别为分布式电源 a 和 b 并网运行时的功率参考值（对应于额定频率 f_0），当系统频率下降时，电源输出功率相应地增加。例如，在孤岛运行时，若微电网不能满足负荷功率需求，系统频率将下降到 f_1，微电源增加功率输出至 P_{a1} 和 P_{b1}。

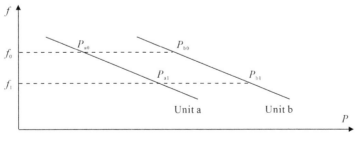

图 2-23　频率下垂特性

具体的，某一分布式电源的频率下垂特性的数学描述为

$$P = -\frac{1}{m}(f_0 - f) + P_0 \tag{2.40}$$

式中：m 称为下垂因子（droop coefficient），也就是直线的斜率，其值取决于机组可输出的最大功率 $P_{\max}$ 和允许的最低频率 $f_{\min}$ 以及额定状态下的频率和输出功率，如下式：

$$m = \frac{f_0 - f_{\min}}{P_0 - P_{\max}} \tag{2.41}$$

若微电网内有多台机组额定容量不同的机组采用下垂控制，则应满足：

$$S_i m_i = S_j m_j, \forall i, j \tag{2.42}$$

式中：S_i、m_i 分别表示第 i 台机组的额定容量和下垂因子。

电压下垂特性，即分布式电源端电压幅值和输出无功功率的关系，如图2-24所示，亦成线性。微电源注入的容性无功越多，允许下跌的电压值越低；反之，注入的感性无功越多，允许上升的电压值越高。电压下垂控制的目标是，调整电压外部参考值，使之需要注入的无功较少，并减少无功环流。

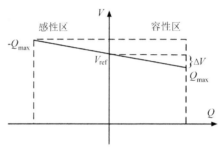

图 2-24　电压下垂特性

同样，电压下垂特性的数学描述为

$$V = V_{\mathrm{ref}} - nQ \tag{2.43}$$

$$n = \frac{\Delta V}{Q_{\max}} \tag{2.44}$$

式中：V_{ref} 为参考电压值，n 为电压下垂因子，$Q_{\max}$ 为分布式电源能输出的最大无功功率，ΔV 为允许的最大电压偏差。由式（2.43）可知，只有在注入无功功率为 0 时，调整后的电压参考值才与原期望值一致。

从以上的原理分析可以看出，通过利用本地变量的信息就可以实现下垂控制，不需要远方通信，适合用于微电网对等控制策略中。

2. 恒功率控制

PQ 控制的原理如图2-25所示。控制器通过调整频率和电压下垂特性使分布式电源输出的有功和无功功率维持恒定，而不随系统频率和端电压的变化而变化。例如，当分布式电源的出口端电压幅值为额定值 V_0、频率为额定频率 f_0 时，分布式电源运行在 A 点，有功出力和无功出力分别为 P_0、Q_0；当频率上升且电压幅值增大时，运行点将由 A 点移动到 B 点，功率输出依然为 P_0、Q_0；同样，当频率降低且端口电压幅值减小时，运行点将由 A 点移动到 C 点，有功和无功输出

还是为 P_0、Q_0。由于该控制方法只考虑本身的输出功率，故系统中需要有维持电压和频率的分布式电源或电网。

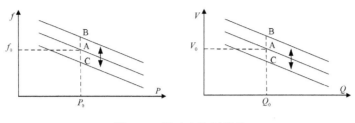

图 2-25　恒功率控制原理

3. 恒压恒频控制

V/f 控制原理如图2-26所示。其控制策略是实时调整分布式电源的有功和无功功率（功率不越限），以维持输出电压幅值和系统频率为额定值。例如，分布式电源运行于 A 点的状态，端口电压幅值和频率均为额定值；某时刻有功和无功负荷都增加，有功出力从 P_0 变为 P_1，功率出力从 Q_0 变为 Q_1，而端口电压幅值和频率保持为额定值不变。微电网采用主从控制策略时，主单元一般用此控制策略。

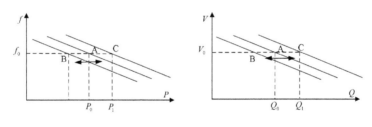

图 2-26　恒压恒频控制原理

2.5.2　微电源综合控制策略

前述均为对单个微电源的控制，可以认为是最底层的控制。而微电网综合控制策略是以整个微电网为考虑对象，选择一种控制策略，来保证其安全稳定运行。目前，综合控制策略主要有主从控制、对等控制和多 Agent 控制等。

主从控制模式是指在微电网孤岛运行时，其中一个分布式电源或储能装置（主控制单元）采取 V/f 控制，用于向微电网中的其他 DG 提供电压和频率参考，而其他分布式电源（从控制单元）则可采用 PQ 控制。主控制单元需要满足一定的条件：（1）微电网孤岛运行时，由于从控制单元采用 PQ 控制，不对系统电压和频率进行调节，系统功率缺额需要主单元来平衡，于是要求主单元具备一定范围的可调容量；（2）微电网在并网与孤岛两种模式切换的暂态过程中，保持其稳定是首要要求，于是要求主控制单元具有快速动作能力。

对等控制模式是指微电网中参与频率和电压控制的 DG 具有同等的地位，各控制器间不存在主、从的关系，依据接入系统点的本地信息进行控制。同时，采用对等控制的微电网具有"即插即用"功能，在功率能平衡的前提下，任何一个 DG 的接入或退出，不需改变其他 DG 的设置。

前述的分布式电源下垂控制策略常用于对等控制模式下。所有采用下垂控制的 DG，在负荷变化时，根据下垂系数，自动调整出力，最终使微电网稳定于新的工作点。由下垂控制原理可知，微电网新稳态工作点的频率和电压达不到额定值，故这种控制实际上是一种有差控制。

多 Agent 技术是分布式智能控制领域的一个研究热点，将其应用于未来的智能电网是必然的发展趋势。Agent 具有自治性和与环境的交互能力，这种特性正好与微电网实现自治运行和协调控制的目标相一致。多 Agent 技术可应用于微电网的建模、控制与管理等方面，但目前多用于构建微电网能量管理系统和协调电力市场交易，而对于微电网电压和频率的控制还有待研究。

2.6 总 结

本章从微电源模型、网络模型、随机因素模型与控制策略模型四个方面对微电网进行了建模。微电源方面，针对比较常见的光伏电池、风力发电机、燃气轮机与储能电池进行了建模。网络模型方面，本章在 *abc* 坐标系下对微电网采用"相线分量"混合建模方法，即对网络三角形接线部分采用线电压、相电流进行双端口建模，消除不可逆情况。随机因素方面，对风速、光照和负荷这三大不确定因素进行建模，风速采用比较常见的四分量模型与两参数威布尔分布，光照采用 Beta 分布进行建模，可以较好地对随机性进行描述。最后对常用的控制策略进行了介绍，微电源控制方面介绍了下垂控制、恒功率控制与恒压恒频控制，微电网综合控制策略方面介绍了主从控制、对等控制与多 Agent 技术。

参考文献

1. 李靖. 含多种分布式电源的微电网建模与控制研究 [D]. 华南理工大学, 2013.
2. 顾振. 微电网建模及其保护研究 [D]. 湖南大学, 2015.
3. 王丹. 分布式发电系统建模及稳定性仿真 [D]. 天津大学, 2009.
4. 潘忠美, 刘健, 侯彤晖. 计及相关性的含下垂控制型及间歇性电源的孤岛微电网电压稳定概率评估 [J]. 中国电机工程学报, 2018, 38(4): 1065-1074.
5. 马艺伟, 杨苹, 王月武, 等. 微电网典型特征及关键技术 [J]. 电力系统自动化, 2015, 39(8): 168-175.
6. 董树锋, 徐成司, 郭创新, 等. 智能配电网络建模与分析 [M]. 杭州: 浙江大学出版社, 2020.

第 3 章　微电网潮流计算

3.1　概　述

微电网潮流计算是微电网运行规划的重要基础，其任务是根据给定的微电网运行方式（并网运行、孤岛运行）与控制策略（主从控制、对等控制）求解微电网的稳态运行状态，包括各节点的电压、各元件发出或吸收的功率，等等。在微电网运行方式和规划方案研究中，都需要进行潮流计算以比较运行方式或规划供电方案的可行性、可靠性和经济性。微电网潮流计算得到的是一个系统的平衡运行状态，不涉及系统元件的动态属性和过渡过程。因此其数学模型不包含微分方程，是一组高阶数的非线性方程。微电网的动态分析（见第 5 章、第 6 章）的主要目的是研究系统在各种干扰下的稳定性，属于动态安全分析，在其数学模型中包含微分方程。微电网潮流计算是研究微电网运行和规划方案最基本的手段，微电网的动态分析也需要在潮流计算的基础上进行，因此，熟悉潮流计算的原理和算法是掌握微电网分析方法的关键。

微电网的控制模式大体上可以分为主从控制与对等控制。在主从控制下，微电网中具有根节点，提供系统所需的功率或者将系统多余的功率倒送至主网，其潮流计算与传统输电网相似。但在对等控制下，微电网的潮流计算与传统输电网潮流存在较大区别。第一，对等控制下，系统中不存在根节点，系统由下垂控制对系统频率与节点电压进行调节。第二，由于下垂控制的存在，微电网频率将发生波动，不再稳定在 50Hz。第三，微电网中线路阻抗比较高，在采用牛顿-拉夫逊法求解时容易发生雅可比矩阵奇异导致计算失败。因此，需要针对微电网的特点对其进行建模，并选取合适的方法对所建模型进行求解。

目前，微电网有交流微电网、直流微电网和交直流微电网三种。本节将针对这三种类型的微电网，从数学模型、求解算法两个角度进行讲解，并通过算例分析对所提模型与算法进行验证。

3.2　孤岛微电网潮流计算模型

如概述中所述，主从控制的微电网潮流计算与传统输电网比较相似，因此，本节主要针对对等控制下的孤岛微电网建立潮流计算模型。本节主要建立确定性的潮流计算模型，如果在实际应用中需要考虑随机性，第 4 章中介绍的随机性方法同样可以在潮流计算中进行应用。

3.2.1 交流微电网潮流计算模型

1. 分布式电源的节点处理方法

下垂控制是模拟传统同步发电机功率–频率静特性的一种控制方法，在第 2 章中已经进行了初步的介绍。目前，下垂控制主要有 P-f/Q-U 和 P-U/Q-f 两种下垂特性，以 P-f/Q-U 为例，下垂特性曲线如图3-1所示，其控制框图如图3-2所示。

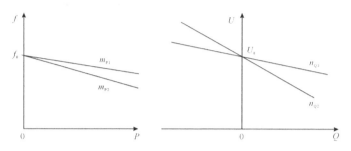

图 3-1 P-f/Q-U 下垂特性曲线

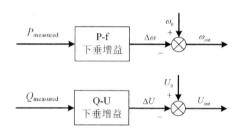

图 3-2 P-f/Q-U 下垂控制框图

P-f/Q-U 下垂特性的表达式为

$$\begin{cases} \omega_i = \omega_{0i} - m_{\mathrm{P}i}P_{\mathrm{G}i} \\ U_i = U_{0i} - n_{\mathrm{Q}i}Q_{\mathrm{G}i} \end{cases} \tag{3.1}$$

式中：ω_i、U_i、ω_{0i}、U_{0i} 为第 i 个下垂控制 DG 装置的实际输出电压角频率和幅值、空载角频率及空载输出电压幅值；$m_{\mathrm{P}i}$、$n_{\mathrm{Q}i}$ 为有功和无功功率的静态下垂增益；$P_{\mathrm{G}i}$、$Q_{\mathrm{G}i}$ 为第 i 个下垂控制 DG 装置流入孤岛微电网的有功、无功功率。为确保空载运行时孤岛微电网中不同 DG 装置之间无环流产生，下垂特性曲线的 ω_{0i}、U_{0i} 必须相等。

DG 大多通过逆变器接口接入微电网，由 DG、逆变电路、滤波电路、控制器、保护电路等构成 DG 装置。在潮流计算中，通常把 DG 装置视为一个节点，称为 DG 装置节点。

潮流计算中，需要用到的是下垂控制的 DG 装置与孤岛微电网连接点的功率及电压，用于实现下垂特性的逆变电路、输出滤波器和控制器等不影响潮流求解。由此，下垂控制的 DG 装置可建模为一个理想电压源，如图3-3所示。由图3-3可知，该 DG 装置节点输出的有功和无功功率只与下垂控制器的下垂特性有关，这一类节点可称之为下垂节点，具体定义为：节点的等值负荷有功和无功功率是给定的，等值电源有功和无功功率受下垂特性限制，待求的是节点电压幅值和相位角。

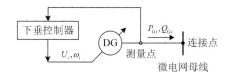

图 3-3　下垂控制 DG 装置的模型

由此，把分散下垂控制策略的孤岛微电网中 DG 装置处理为 3 种节点类型：PQ 节点、PV 节点和下垂节点。恒功率控制的 DG 装置处理为 PQ 节点；下垂控制的 DG 装置为下垂节点；通过电压控制型逆变器接入的 DG 装置处理为 PV 节点。

2. 下垂节点建模

在实际应用中需根据线路阻抗值实际情况选择合理的下垂控制特性。一般交流微电网的配电线路阻抗比较大，等效阻抗呈阻性，此时 DG 接口逆变器采用 P-U/Q-f 下垂控制策略；而在某些情况下，滤波电路、变压器等感性元件的引入及虚拟阻抗方法的应用，使得等效线路的阻抗比变小，等效阻抗呈感性，此时 P-f/Q-U 下垂控制策略能更好地实现电压、频率控制及功率分配。本节考虑上述两种不同的下垂控制策略，对下垂节点进行建模。

具有 P-f/Q-U 下垂特性的下垂节点潮流计算模型为

$$\begin{cases} P_{Gi} = \dfrac{1}{m_{Pi}}(\omega_0 - \omega) \\ Q_{Gi} = \dfrac{1}{n_{Qi}}(U_0 - U_i) \end{cases} \tag{3.2}$$

式中：ω 为孤岛微电网系统的稳态角频率。

具有 P-U/Q-f 下垂特性的下垂节点潮流计算模型为

$$\begin{cases} P_{Gi} = \dfrac{1}{m_{Pi}}(U_0 - U_i) \\ Q_{Gi} = \dfrac{1}{n_{Qi}}(\omega_0 - \omega) \end{cases} \tag{3.3}$$

其中，下垂系数可由系统允许的频率值与电压值进行确定。以 P-f/Q-U 下垂控制为例，下垂系数 m、n 可由式（3.4）确定：

$$\begin{cases} m = \dfrac{\omega_{\max} - \omega_{\min}}{P_{i,\max}} \\ n = \dfrac{U_{i,\max} - U_{i,\min}}{Q_{i,\max}} \end{cases} \tag{3.4}$$

式中：$\omega_{\max}$、$\omega_{\min}$ 为系统允许的频率最大值和最小值；$U_{i,\max}$、$U_{i,\min}$、$P_{i,\max}$、$Q_{i,\max}$ 分别为 P-f/Q-U 下垂控制 DG 装置允许的电压幅值最大值和最小值、能发出的有功和无功功率最大值。

3. 负荷模型

传统潮流计算中，负荷模型通常为工频下的静态负荷模型，而在对等控制孤岛运行模式下，交流微电网的频率一般不会稳定在工频，因此静态负荷模型需考虑负荷点端电压和频率的影响。具体模型如下：

$$\begin{cases} P_{\mathrm{L}i} = P_{0i} U_i^{\alpha} [1 + K_{\mathrm{pf},i} (f - f_0)] \\ Q_{\mathrm{L}i} = Q_{0i} U_i^{\beta} [1 + K_{\mathrm{qf},i} (f - f_0)] \end{cases} \tag{3.5}$$

式中：$P_{\mathrm{L}i}$、$Q_{\mathrm{L}i}$ 为 i 节点负荷的实际有功、无功功率；f_0 和 f 分别为设定频率值和实际频率值；P_{0i}、Q_{0i} 为 i 节点负荷在设定频率值下的有功、无功功率；α、β 为负荷有功、无功功率指数，住宅、工业、商业负荷的有功和无功指数值不同；$K_{\mathrm{pf},i}$、$K_{\mathrm{qf},i}$ 为负荷的静态频率特性参数。

4. 节点功率方程

对孤岛微电网中的 PQ 节点、PV 节点和下垂节点建立节点功率方程。PQ 节点的功率方程为

$$\begin{cases} f_{\mathrm{PQ},i}^P = P_{\mathrm{G}i} - P_{\mathrm{L}i} - P_i = 0 \\ f_{\mathrm{PQ},i}^Q = Q_{\mathrm{G}i} - Q_{\mathrm{L}i} - Q_i = 0 \end{cases} \tag{3.6}$$

式中：$P_{\mathrm{G}i}$、$Q_{\mathrm{G}i}$ 为节点 i 上 DG 输出的有功、无功功率，若节点 i 没有 DG 则为 0；P_i、Q_i 为节点 i 注入的有功、无功功率。

PV 节点的节点功率方程为

$$f_{\mathrm{PV},i}^P = P_{\mathrm{G}i} - P_{\mathrm{L}i} - P_i = 0 \tag{3.7}$$

以 P-f/Q-U 下垂控制为例，结合式（3.2），P-f/Q-U 下垂节点功率方程为

$$\begin{cases} f_{\mathrm{D},i}^P = \dfrac{1}{m_{\mathrm{P}i}} (\omega_0 - \omega) - P_{\mathrm{L}i} - P_i = 0 \\ f_{\mathrm{D},i}^Q = \dfrac{1}{n_{\mathrm{Q}i}} (U_0 - U_i) - Q_{\mathrm{L}i} - Q_i = 0 \end{cases} \tag{3.8}$$

具体的，在式（3.6）～式（3.8）中，节点注入功率可表示为

$$\begin{cases} P_i = \sum_{j=1}^{n} U_i U_j (G_{ij} \cos \delta_{ij} + B_{ij} \sin \delta_{ij}) \\ Q_i = \sum_{j=1}^{n} U_i U_j (G_{ij} \sin \delta_{ij} - B_{ij} \cos \delta_{ij}) \end{cases} \tag{3.9}$$

式中：G_{ij}、B_{ij} 为支路 i-j 的导纳；$\delta_{ij} = \delta_i - \delta_j$ 为节点 i、j 的相角差。

综合以上 PQ 节点、PV 节点和下垂节点的节点功率方程，潮流方程可抽象表示为

$$h(x) = 0 \tag{3.10}$$

至此，交流微电网的潮流计算模型已全部建立完毕。设系统中共有 n 个节点，其中有 n_{PQ} 个 PQ 节点，n_{PV} 个 PV 节点和 n_{D} 个下垂节点。每个 PQ 节点与下垂节点均对应两条潮流方程，每个 PV 节点对应一条潮流方程，则可推出式（3.10）中有 $2n_{\mathrm{PQ}} + n_{\mathrm{PV}} + 2n_{\mathrm{D}} = n + n_{\mathrm{PQ}} + n_{\mathrm{D}}$ 个方程。其中，未知变量有系统角频率 ω，节点相角 $\delta_1, \delta_2, \cdots, \delta_n$，PQ 节点和下垂节点电压幅值 $U_1, U_2, \cdots, U_{n-n_{\mathrm{PV}}}$。选取任意 PQ 节点相角为系统参考角度，例如选取节点 1 的相角为系统参考角度，$\delta_1 = 0$。则式（3.10）为一个含有 $1 + (n-1) + (n_{\mathrm{PQ}} + n_{\mathrm{D}}) = n + n_{\mathrm{PQ}} + n_{\mathrm{D}}$ 个位置变量的 $n + n_{\mathrm{PQ}} + n_{\mathrm{D}}$ 维方程，需要选用合适的方法进行求解。

3.2.2 直流微电网潮流计算模型

现有文献对于直流微电网的潮流分析较少。对于辐射状的直流微电网，其潮流方向是单向的，可以采用回推-前推算法来计算潮流，而环形网络的潮流方向和大小都会受到线路阻抗和节点电压的影响，不适合采用回推-前推算法来计算潮流。因此，本节主要介绍使用于环形直流微电网的计算模型。

1. 传统直流网络潮流计算模型

首先介绍一下传统直流网络的潮流计算模型。在交流系统中，流过支路的有功功率取决于支路两端母线电压相位差，流过支路的无功功率则取决于两端的电压差。在直流系统中没有无功和相位的问题，有功潮流取决于不同母线间的电压差。根据 KCL 定理，直流网络中注入某节点 i 的电流可以表示为流入其他 $n-1$ 节点的电流和：

$$I_{\mathrm{dc}i} = \sum_{j \neq i} Y_{\mathrm{dc}ij} \left(U_{\mathrm{dc}i} - U_{\mathrm{dc}j} \right) \tag{3.11}$$

式中：$I_{\mathrm{dc}i}$ 为注入节点 i 的电流；$U_{\mathrm{dc}i}$ 为节点 i 的电压；j 为系统中的其他节点，$Y_{\mathrm{dc}ij}$ 为节点 i 与节点 j 之间的导纳。

整个系统的电流与电压关系可表示为

$$\boldsymbol{I}_{\mathrm{dc}} = \boldsymbol{Y}\boldsymbol{U}_{\mathrm{dc}} \tag{3.12}$$

式中：$\boldsymbol{I}_{\mathrm{dc}} = [I_{\mathrm{dc}1}, I_{\mathrm{dc}2}, \cdots, I_{\mathrm{dc}n}]$，$\boldsymbol{U}_{\mathrm{dc}} = [U_{\mathrm{dc}1}, U_{\mathrm{dc}2}, \cdots, U_{\mathrm{dc}n}]$，$\boldsymbol{Y}$ 为节点导纳矩阵。

对于单极性直流电力系统，注入节点的功率可以表示为

$$P_{\mathrm{dc}i} = U_{\mathrm{dc}i} I_{\mathrm{dc}i} \tag{3.13}$$

对于双极性的直流电力系统，$U_{\mathrm{dc}i}$ 为正负两极之间的电压差。

式（3.13）代入式（3.12）可得

$$P_{\mathrm{dc}i} = U_{\mathrm{dc}i} \sum_{j=1}^{n} Y_{ij} U_{\mathrm{dc}j} \tag{3.14}$$

式（3.14）即为传统直流网络的潮流计算模型，对式（3.14）进行求解，即可求出每个节点电压，进而求出各支路电流。

2. 直流微电网潮流计算方法

对于对等控制的直流微电网，系统中可以分为三种节点类型，P 节点、V 节点和下垂节点。由于直流微电网包含多种分布式能源，而每种能源变换器的工作模式一般不止一种，因此这些分布式能源的节点性质取决于其工作模式，例如光伏和风电工作于最大功率控制时为 P 节点，而工作于恒压控制时为 V 节点，工作于下垂控制时为下垂节点；蓄电池和超级电容等储能装置的双向 DC/DC 变换器工作于下垂控制时为下垂节点，工作于恒流充电时为 P 节点；与交流大电网互联的双向 AC/DC 变换器工作于下垂控制时为下垂节点，工作于限流模式时为 P 节点。如果对端电压要求比较严格的负荷端子或其他直流微电网组网时的出口端子也可以看作 V 节点。

根据式（3.11）～式（3.14），P 节点的潮流方程式可以写为

$$\Delta P_i = P_{\mathrm{d}ci} - U_{\mathrm{d}ci} \sum_{j=1}^{n} Y_{ij} U_{\mathrm{d}cj} \tag{3.15}$$

直流微电网在对等控制下，一般采用 P-U 下垂控制特性：

$$U_i = U_{0i} - K_i P_i \tag{3.16}$$

式中：U_i、$P_i U_{0i}$、U_{0i} 分别为 P-U 下垂控制下 DG 装置的实际电压和实际发出的有功功率，及空载电压；K_i 为有功功率下垂系数。

结合 P-U 下垂控制特性，下垂节点潮流方程可写为

$$\Delta P_i = \frac{U_{0i} - U_i}{K_i} - U_{\mathrm{d}ci} \sum_{j=1}^{n} Y_{ij} U_{\mathrm{d}cj} \tag{3.17}$$

至此，直流微电网的潮流方程建立完成，每条方程对应一个需要求解的电压值，只需选用合适的求解方法即可进行求解。

3.2.3　交直流微电网潮流计算模型

交直流混合微电网包含交流子系统、直流子系统及连接交、直流子系统的互联变换器（Interlinking Converter，ILC），具有并网和孤岛两种运行模式。在孤岛运行模式下，由于缺乏主网的支撑，需同时维持直流子系统的电压及交流子系统频率电压的稳定。孤岛运行交直流混合微电网采用下垂协调控制策略下，由下垂控制 DG 装置和双向 ILC 协调控制系统频率电压的稳定及功率平衡；任何时刻，ILC 非空闲模式下具有 2 种特性，即当 ILC 为一个子系统的电源时，也是另一个子系统的负荷，ILC 传输功率的大小和方向由交、直流子系统的运行情况决定；交、直流子系统均无平衡节点。

在交直流混合微电网中，ILC 需结合交、直流有功功率下垂特性来控制两种不同子系统间的双向有功功率流动。由交流微电网和直流微电网的模型中我们已经知道，交、直流有功功率下垂特性不同，且其特性曲线的纵坐标分别代表频率和直流电压，单位不一致。对频率和直流电压进行式（3.18）的归一化处理，可使其处于相同的单位范围内。归一化后，两个子系统的下垂特性被放置在具有共同横纵坐标轴的同一坐标系中。

$$\begin{cases} \omega' = \dfrac{\omega - 0.5(\omega_{\max} + \omega_{\min})}{0.5(\omega_{\max} - \omega_{\min})} \\[2mm] U'_{\mathrm{ILCdc}} = \dfrac{U_{\mathrm{ILCdc}} - 0.5(U_{\mathrm{ILCdc,max}} + U_{\mathrm{ILCdc,min}})}{0.5(U_{\mathrm{ILCdc,max}} - U_{\mathrm{ILCdc,min}})} \end{cases} \tag{3.18}$$

式中：ω'、U'_{ILCdc} 分别为 ILC 交流侧频率、ILC 直流侧的实际电压经归一化处理后的值，其变化范围为 $[-1,1]$；U_{ILCdc}、$U_{\mathrm{ILCdc,max}}$、$U_{\mathrm{ILCdc,min}}$ 分别为 ILC 直流侧的实际电压、允许的电压最大值和最小值。

考虑增容和可靠性，交、直流母线之间会连接多个并联 ILC，各 ILC 按照其容量分配传输有功功率，以实现 $\omega' = U'_{\mathrm{ILCdc}}$。此外，ILC 采用交流无功下垂控制参与交流侧电压的调节。由此，ILC 的控制方法为

$$\begin{cases} P_{\mathrm{ILCr}} = K_{\mathrm{PILCr}} \left(\omega' - U'_{\mathrm{ILCdcr}} \right) \\[2mm] Q_{\mathrm{ILCr}} = K_{\mathrm{QILCr}} (U_{\mathrm{ILCacr,0}} - U_{\mathrm{ILCacr}}) \end{cases} \tag{3.19}$$

式中：r 为 ILC 的编号；P_{ILCr}、Q_{ILCr} 分别为第 r 台 ILC 的传输有功和无功功率；U'_{ILCdcr}、$U_{ILCacr,0}$、U_{ILCacr} 为第 r 台 ILC 直流侧实际电压归一化处理后的值、交流侧空载电压和实际电压幅值；K_{PILCr}、K_{QILCr} 为第 r 台 ILC 的有功和无功控制系数。

设各个 ILC 连接到交、直流母线的线路长度相等，在潮流计算中把多个并联的 ILC 看成一个整体，称之为 ILC 装置，如图3-4所示，设图3-4中所示功率方向为正方向。对于交流子系统，将 ILC 处理为 1 个交流节点，并定义该节点为 ILC 交流节点，其状态变量为 $[P_{ILCac}, Q_{ILCac}, U_{ILCac}, \omega]$，$P_{ILCac}$、$Q_{ILCac}$ 为 ILC 交流节点的注入有功和无功功率，等于 ILC 装置的传输有功和无功功率。对于直流子系统，将 ILC 装置处理为 1 个直流节点，并定义该节点为 ILC 直流节点，其状态变量为 $[P_{ILCdc}, U_{ILCdc}]$，$(-P_{ILCdc})$ 为 ILC 直流节点的注入有功功率。忽略 ILC 装置的损耗，根据其两侧功率平衡约束及式（3.19），可得出 ILC 装置节点的潮流计算模型为

$$\begin{cases} P_{ILCdc} = P_{ILCac} = K_{PILC}\left(\omega' - U'_{ILCdc}\right) \\ Q_{ILCac} = K_{QILC}\left(U_{ILCac,0} - U_{ILCac}\right) \end{cases} \tag{3.20}$$

式中：K_{PILC}、K_{QILC} 为 ILC 装置的有功和无功控制系数，其分别等于非空闲模式下各个 ILC 的有功和无功控制系数相加。

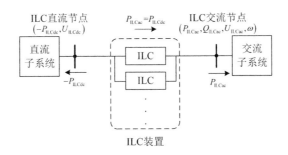

图 3-4　ILC 装置节点处理示意图

至此，ILC 节点的潮流计算模型已经建立完毕。结合前两节中介绍的直流系统与交流系统的潮流方程，便可建立交直流混合微电网的潮流方程。

3.2.4　下垂节点功率越限转换

在潮流计算中可能会出现节点功率越限的情况，此时需要将节点类型转换后重新进行潮流计算。与大电网相似，PV 节点若出现无功越限，则将其无功出力设为最大值，转化为 PQ 节点进行计算。但微电网中的下垂节点同时存在有功功率越限与无功功率越限两种情况，需要对其功率越限后的节点类型重新定义与建模。

若下垂节点 i 输出的有功功率越限，则将其转化为 P-Q（V）节点，其相应的节点功率方程为

$$\begin{cases} P_{Gi,\max} - P_{Li} - P_i = 0 \\ \dfrac{1}{n_{Qi}}(U_0 - U_i) - Q_{Li} - Q_i = 0 \end{cases} \tag{3.21}$$

式中：$P_{Gi,\max}$ 为节点 i 的有功出力上限值。

若下垂节点 i 输出的无功功率越限，则将其转化为 P（ω）-Q 节点，其相应的节点功率方程为

$$
\begin{cases}
\dfrac{1}{m_{\mathrm{P}i}}(\omega_0 - \omega) - P_{\mathrm{L}i} - P_i = 0 \\
Q_{\mathrm{G}i.\max} - Q_{\mathrm{L}i} - Q_i = 0
\end{cases}
\tag{3.22}
$$

式中：$Q_{\mathrm{G}i.\max}$ 为节点 i 的无功出力上限值。

若下垂节点有功功率和无功功率同时越限，则转化为 PQ 节点。

3.3　孤岛微电网潮流方程求解算法

根据微电网模型可知，孤岛微电网潮流计算本质上是求解一组非线性方程：

$$
h(x) = 0
\tag{3.23}
$$

目前，求解非线性方程最常用的方法是牛顿拉夫逊法（以下简称牛拉法）。但牛拉法对初值敏感，初值选取不当容易造成牛拉法不收敛。且孤岛微电网阻抗比较高，在求解过程中容易导致雅克比矩阵奇异、牛拉法无法求解的情况。由于交流微电网为最常用的微电网类型，本节将以交流微电网为例，介绍几种鲁棒性较高的求解算法。

3.3.1　辅助因子两步求解算法

辅助因子两步求解算法是学者安东尼奥提出的一种用于求解非线性方程的算法。该算法引入两个辅助因子，把原方程转化为一组超定方程、一组欠定方程与一组辅助因子间的关系函数，分两步进行迭代求解。第一步基于变换后的方程，构造一个最小二乘问题来寻找比当前迭代值更接近真实解的线性化点，以提高算法对初值的鲁棒性；第二步直接解出下一迭代步变量值以减少计算量。在数学上，该算法的收敛次数相比牛拉法更具优势。在输电网潮流中，该算法鲁棒性强，具有较好的抗病态能力。孤岛微电网线路阻抗比较高，潮流计算中牛拉法容易出现不收敛、雅克比矩阵奇异等问题，而辅助因子两步求解算法具有鲁棒性强的特点，一定程度上可以弥补牛拉法的不足。

以下介绍辅助因子两步求解算法的具体步骤。

1. 基本形式

将式（3.23）改写为如下形式：

$$
h_1(x) = p
\tag{3.24}
$$

其中：

$$
p = [P_{\mathrm{G}1}, \cdots, P_{\mathrm{G}n_{\mathrm{PQ}}}, P_{\mathrm{G}1}, \cdots, P_{\mathrm{G}n_{\mathrm{PV}}}, \frac{\omega_0}{m_{\mathrm{P}1}}, \cdots, \frac{\omega_0}{m_{\mathrm{P}_{n_{\mathrm{D}}}}},
$$

$$
Q_{\mathrm{G}1}, \cdots, Q_{\mathrm{G}n_{\mathrm{PQ}}}, \frac{U_{01}}{n_{\mathrm{Q}1}}, \cdots, \frac{U_{0n_{\mathrm{D}}}}{n_{\mathrm{Q}n_{\mathrm{D}}}}, U_1, \cdots, U_{n_{\mathrm{PV}}}]^{\mathrm{T}}
\tag{3.25}
$$

$$
x = [\delta_2, \cdots, \delta_n, U_1, \cdots, U_n, \omega]^{\mathrm{T}}
\tag{3.26}
$$

式中：p 为潮流方程中常数移项后组成的向量，其中第 $1 \sim n_{PQ}$ 项为 PQ 有功平衡式（3.6）中发电机有功出力 $P_{Gi,PQ}$；第 $n_{PQ}+1 \sim n_{PQ}+n_{PV}$ 项为 PV 有功平衡式（3.7）中发电机有功出力 $P_{Gi,PV}$；第 $n_{PQ}+n_{PV}+1 \sim n$ 项为下垂节点有功平衡式（3.8）中常数（ω_0/m_{Pi}）；第 $n+1 \sim n+n_{PQ}$ 项为 PQ 节点无功平衡式（3.6）中发电机无功出力 $Q_{Gi,PQ}$；第 $n+n_{PQ}+1 \sim n+n_{PQ}+n_D$ 项为下垂节点无功平衡式（3.8）中的常数（U_0/n_{Qi}）；第 $2n-n_{PV} \sim 2n$ 项为 PV 节点电压幅值。虽然 PV 节点电压幅值 $U_1,\cdots,U_{n_{PV}}$ 已知，但为后续方程变形方便，需要在未知变量 x 中引入 PV 节点电压幅值。为保持方程数量与未知数数量相等，故在 p 中同样保留 PV 节点电压幅值，使 p 与 x 均为 $2n$ 维向量。

2. 引入辅助因子

为了引入辅助因子与后续方程变形方便，需要对向量 p 与 x 中部分元素进行替换。对于向量 p，将其中电压项由其平方形式代替：

$$p = [P_{G1},\cdots,P_{Gn_{PQ}},P_{G1},\cdots,P_{Gn_{PV}},\frac{\omega_0}{m_{P1}},\cdots,\frac{\omega_0}{m_{P_{n_D}}},$$
$$Q_{G1},\cdots,Q_{Gn_{PQ}},\frac{U_{01}}{n_{Q1}},\cdots,\frac{U_{0n_D}}{n_{Qn_D}},V_1,\cdots,V_{n_{PV}}]^T \tag{3.27}$$

式中：$V_i = U_i^2$。

对于向量 x，将其中电压项与系统频率由对数形式代替：

$$x = [\delta_2,\cdots,\delta_n,a_1,\cdots,a_n,w]^T \tag{3.28}$$

式中：$a_i = \ln V_i = \ln U_i$，$w = \ln\omega$。

将 p 与 x 替换后的潮流方程记作：

$$h_2(x) = p \tag{3.29}$$

现引入辅助因子 y，y 由潮流方程（3.29）中所有的非线性项构成，目的在于将非线性潮流方程（3.29）线性化，具体表示如下：

$$y = \left[V,K,L,U^{\alpha},U^{\alpha}\omega,U^{\beta},U^{\beta}\omega,U_D,\omega\right]^T \tag{3.30}$$

式中：$V = [V_1,V_2,\cdots,V_{n-1},V_n]$；向量 K 为 b 维向量（b 为系统中支路数），其中每一项对应系统中一条支路，例如支路 i-j，其对应项表示为 $U_iU_j\cos\delta_{ij}$；向量 L 与向量 K 相似，同样为 b 维向量，每一项对应系统中一条支路，例如支路 i-j，其对应项表示为 $U_iU_j\sin\delta_{ij}$；$U = [U_1,U_2,\cdots,U_{n-1},U_n]$；$\alpha$、$\beta$ 为负荷模型中有功、无功负荷指数，故 $[U^{\alpha},U^{\alpha}\omega,U^{\beta},U^{\beta}\omega]$ 为一 $4n$ 维向量；$U_D = [U_{D.1},U_{D.2},\cdots,U_{D.(n-1)},U_{D.n}]$ 为下垂节点电压幅值，共有 n_D 项。综上可知，辅助因子 y 维数 $m = n+2b+4n+n_D+1 = 5n+2b+n_D+1$。

y 与方程未知量 x 之间关系较为复杂，直接求其雅克比矩阵会对求解速度造成影响。故引入辅助因子 u，u 由 x 线性变化得到，在选取时尽量与 y 中元素一一对应，可以提高计算效率，具体表示如下：

$$u = \left[A,S,T,\alpha\frac{A}{2},\alpha\frac{A}{2}+W,\beta\frac{A}{2},\beta\frac{A}{2}+W,\frac{A_D}{2},w\right]^T \tag{3.31}$$

式中：$A = [a_1,a_2,\cdots,a_{n-1},a_n]$，向量 S 为 b 维向量，其中每一项对应系统中一条支路，例如对

于支路 $i\text{-}j$，具体表示为 $(a_i + a_j)$，其中 a 的含义与式（3.28）相同；向量 $\boldsymbol{T}$ 同样为 b 维向量，其中每一项对应系统中每条支路两端的相角差，例如支路 $i\text{-}j$，具体表示为 $(\delta_i - \delta_j)$；向量 $\boldsymbol{W}$ 为 n 维向量，其中每一项值均为 w；$\boldsymbol{A}_\mathrm{D} = \left[a_{\mathrm{D},1}, a_{\mathrm{D},2}, \cdots, a_{\mathrm{D},(n-1)}, a_{\mathrm{D},n} \right]$ 由下垂节点构成，共有 n_D 项。与 $\boldsymbol{y}$ 相同，辅助因子 $\boldsymbol{u}$ 的维数 $m = n + 2b + 4n + n_\mathrm{D} + 1 = 5n + 2b + n_\mathrm{D} + 1$。

利用辅助因子，可将式（3.29）变为如下形式：

$$\begin{cases} \boldsymbol{Ey} = \boldsymbol{p} \\ \boldsymbol{u} = \boldsymbol{f}(\boldsymbol{y}) \\ \boldsymbol{Cx} = \boldsymbol{u} \end{cases} \tag{3.32}$$

式中：$\boldsymbol{E}$ 和 $\boldsymbol{C}$ 分别为 $2n \times m$ 和 $m \times 2n$ 矩阵，$\boldsymbol{f}(\boldsymbol{.})$ 为辅助因子间可逆的非线性变换，根据上文引入的 $\boldsymbol{y}$ 与 $\boldsymbol{u}$，其逆变换 $\boldsymbol{y} = \boldsymbol{f}^{-1}(\boldsymbol{u})$ 具体形式如下：

$$\begin{bmatrix} \boldsymbol{V} \\ \boldsymbol{K} \\ \boldsymbol{L} \\ \boldsymbol{U}^\alpha \\ \boldsymbol{U}^\alpha \omega \\ \boldsymbol{U}^\beta \\ \boldsymbol{U}^\beta \omega \\ \boldsymbol{U}_D \\ \omega \end{bmatrix} = \begin{bmatrix} e^{\boldsymbol{A}} \\ e^{0.5\boldsymbol{S}} \cos \boldsymbol{T} \\ e^{0.5\boldsymbol{S}} \sin \boldsymbol{T} \\ e^{0.5\boldsymbol{A}\alpha} \\ e^{0.5\boldsymbol{A}\alpha + \boldsymbol{W}} \\ e^{0.5\boldsymbol{A}\beta} \\ e^{0.5\boldsymbol{A}\beta + \boldsymbol{W}} \\ e^{0.5\boldsymbol{A}_\mathrm{D}} \\ e^w \end{bmatrix} \tag{3.33}$$

式（3.32）可以通过消去 $\boldsymbol{u}$ 改写为如下紧凑形式：

$$\begin{cases} \boldsymbol{Ey} = \boldsymbol{p} \\ \boldsymbol{Cx} = \boldsymbol{f}(\boldsymbol{y}) \end{cases} \tag{3.34}$$

通过引入辅助因子，将原潮流方程（3.29）变换为式（3.34），为后续的两步法求解提供了合适的方程形式。式（3.34）由一组欠定方程与一组超定方程构成，在欠定方程的无穷多解中，恰好满足超定方程的解为原潮流方程的解。

3. 算法原理

式（3.34）可以被转化为如下最小二乘问题求解：

$$\mathrm{Min} \left[\boldsymbol{y} - \boldsymbol{f}^{-1}(\boldsymbol{Cx}) \right]^\mathrm{T} \left[\boldsymbol{y} - \boldsymbol{f}^{-1}(\boldsymbol{Cx}) \right]$$
$$\mathrm{s.t.}\, \boldsymbol{p} - \boldsymbol{Ey} = \boldsymbol{0} \tag{3.35}$$

可写出其拉格朗日函数为

$$L = \frac{1}{2} \left[\boldsymbol{y} - \boldsymbol{f}^{-1}(\boldsymbol{Cx}) \right]^\mathrm{T} \left[\boldsymbol{y} - \boldsymbol{f}^{-1}(\boldsymbol{Cx}) \right] - \boldsymbol{\mu}^\mathrm{T}(\boldsymbol{p} - \boldsymbol{Ey}) \tag{3.36}$$

对变量 $\boldsymbol{y}$、$\boldsymbol{x}$ 以及乘子 $\boldsymbol{\mu}$ 求偏导后可得

$$
\begin{cases}
y - f^{-1}(Cx) + E^{T}\mu = 0 \\
-C^{T}F^{-T}[y - f^{-1}(Cx)] = 0 \\
p - Ey = 0
\end{cases}
\tag{3.37}
$$

式中：F 为 $u = f(y)$ 的雅克比矩阵，F^{-1} 即为 $y = f^{-1}(u)$ 的雅克比矩阵。

设方程（3.34）当前迭代值为 x_k，选取 y_k 满足 $y_k = f^{-1}(Cx_k)$，以 x_k 为线性化点线性化得

$$
y - f^{-1}(Cx) \cong \Delta y_k - F_k^{-1}C\Delta x_k
\tag{3.38}
$$

将式（3.38）代入式（3.37），写为增量形式：

$$
\begin{bmatrix}
I & -F_k^{-1}C & E^{T} \\
-C^{T}F_k^{-T} & C^{T}D_kC & 0 \\
E & 0 & 0
\end{bmatrix}
\begin{bmatrix}
\Delta y_k \\
\Delta x_k \\
\mu
\end{bmatrix}
=
\begin{bmatrix}
0 \\
0 \\
\Delta p_k
\end{bmatrix}
\tag{3.39}
$$

式中：$D_k = F_k^{-T}F_k^{-1}$。

在上式中消去 Δy_k：

$$
\begin{bmatrix}
0 & C^{T}F_k^{-T}E^{T} \\
E^{T}F_k^{-1}C & -EE^{T}
\end{bmatrix}
\begin{bmatrix}
\Delta x_k \\
\mu
\end{bmatrix}
=
\begin{bmatrix}
0 \\
\Delta p_k
\end{bmatrix}
\tag{3.40}
$$

若矩阵 $EF_k^{-1}C$ 非奇异，在式（3.40）中可解得 $\mu = 0$，Δx_k 满足下式关系：

$$
[E^{T}F_k^{-1}C]\Delta x_k = p - Ef^{-1}(Cx_k) = \Delta p_k
\tag{3.41}
$$

到目前为止，式（3.41）仍与原潮流方程（3.29）的牛拉法迭代求解等价。在本节使用的两步求解算法中，希望能寻找一个更接近真实解的线性化点，因此构造一个新的最小二乘问题：

$$
\begin{aligned}
&\text{Min}(y - y_k)^{T}(y - y_k) \\
&\text{s.t.} \, p - Ey = 0
\end{aligned}
\tag{3.42}
$$

其拉格朗日函数对各变量求偏导后可得

$$
\begin{bmatrix}
I & E^{T} \\
E & 0
\end{bmatrix}
\begin{bmatrix}
\Delta \tilde{y}_k \\
\lambda
\end{bmatrix}
=
\begin{bmatrix}
0 \\
\Delta p_k
\end{bmatrix}
\tag{3.43}
$$

式中：$\Delta\tilde{y}_k = \tilde{y}_k - y_k$，$\tilde{y}_k$ 即为算法所寻找的新线性化点，通过求解方程（3.43）获得 λ：

$$
EE^{T}\lambda = -\Delta p_k
\tag{3.44}
$$

$\tilde{y}_k$ 可以通过式（3.43）、式（3.44）求得

$$
\tilde{y}_k = y_k - E^{T}\lambda
\tag{3.45}
$$

根据式（3.42）的定义，此时 $\tilde{y}_k$ 在满足 $p - Ey = 0$ 的同时尽可能地接近 y_k，在 $\tilde{y}_k$ 处线性化：

$$
y - f^{-1}(Cx) \cong \Delta y_k - \tilde{F}^{-1}C\Delta x_k = \Delta y_k - \tilde{F}^{-1}[Cx_{k+1} - f(\tilde{y}_k)]
\tag{3.46}
$$

将式（3.46）代入式（3.37），转化为如下形式，由于 $\tilde{y}_k$ 满足 $p - Ey = 0$，此时 $\Delta p_k = 0$：

$$
\begin{bmatrix} \boldsymbol{I} & -\tilde{\boldsymbol{F}}^{-1}\boldsymbol{C} & \boldsymbol{E}^{\mathrm{T}} \\ -\boldsymbol{C}^{\mathrm{T}}\tilde{\boldsymbol{F}}^{-\mathrm{T}} & \boldsymbol{C}^{\mathrm{T}}\tilde{\boldsymbol{D}}\boldsymbol{C} & 0 \\ \boldsymbol{E} & 0 & 0 \end{bmatrix}\begin{bmatrix} \Delta\boldsymbol{y}_k \\ \boldsymbol{x}_{k+1} \\ \boldsymbol{\mu} \end{bmatrix} = \begin{bmatrix} -\tilde{\boldsymbol{F}}^{-1}\boldsymbol{f}(\tilde{\boldsymbol{y}}_k) \\ \boldsymbol{C}^{\mathrm{T}}\tilde{\boldsymbol{D}}\boldsymbol{f}(\tilde{\boldsymbol{y}}_k) \\ 0 \end{bmatrix} \tag{3.47}
$$

与式（3.39）~式（3.41）相似，消去 $\Delta\boldsymbol{y}_k$，当 $\boldsymbol{E}\tilde{\boldsymbol{F}}^{-1}\boldsymbol{C}$ 非奇异时解得 $\boldsymbol{\mu}=0$，推出：

$$
\left[\boldsymbol{E}\tilde{\boldsymbol{F}}^{-1}\boldsymbol{C}\right]\boldsymbol{x}_{k+1} = \boldsymbol{E}\tilde{\boldsymbol{F}}^{-1}\boldsymbol{f}(\tilde{\boldsymbol{y}}_k) \tag{3.48}
$$

具体步骤如图3-5所示。

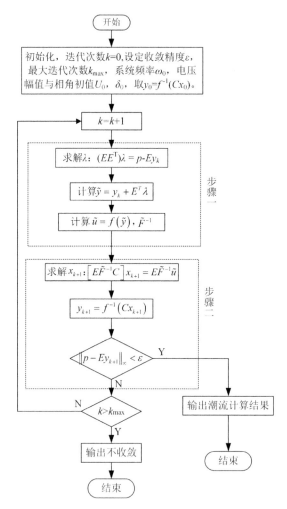

图 3-5　辅助因子两步求解算法流程图

3.3.2　自适应 Levenberg-Marquardt 算法

Levenberg-Marquardt（L-M）算法在 20 世纪由莱文伯格最初提出，并经马夸特等学者发展完善，日趋成熟。许多文献对 L-M 算法做了深入研究，证明了合理的自适应阻尼因子选取策略，可使得 L-M 算法具有局部渐进二阶收敛性，并且一定收敛至非线性方程的最小二乘解，为提高大规模潮流计算收敛性奠定了理论基础。目前 L-M 算法在计算病态方程组的应用中取得了较好的效果，且在求解雅克比矩阵非满秩系统时也有很好的收敛性。

将微电网潮流方程式（3.23）在当前迭代点 $\boldsymbol{x}_k$ 处做一阶泰勒展开，得

$$h(\boldsymbol{x}_{k+1}) = h(\boldsymbol{x}_k) + \boldsymbol{J}(\boldsymbol{x}_k)\Delta\boldsymbol{x}_k \tag{3.49}$$

式中：$\Delta\boldsymbol{x}_k$ 为迭代步，$\Delta\boldsymbol{x}_k = \boldsymbol{x}_{k+1} - \boldsymbol{x}_k$。

潮流方程的最小二乘模型为

$$\min \quad G(\boldsymbol{x}) = \frac{1}{2}h(\boldsymbol{x}_k)^{\mathrm{T}}h(\boldsymbol{x}_k) \tag{3.50}$$

不难看出，当式（3.50）所得解 $\tilde{\boldsymbol{x}}$ 满足 $G(\tilde{\boldsymbol{x}}) = 0$ 时，$\tilde{\boldsymbol{x}}$ 即为潮流方程（3.23）的解。

将式（3.49）代入式（3.50）并引入步长约束，得到最初计算 L-M 算法迭代步的模型：

$$\begin{cases} \min \quad G(\boldsymbol{x}_{k+1}) = \dfrac{1}{2}||h(\boldsymbol{x}_k) + \boldsymbol{J}(\boldsymbol{x}_k)\Delta\boldsymbol{x}_k||_2^2 \\ \text{s.t.} \, ||\Delta\boldsymbol{x}_k||_2 \leqslant H \end{cases} \tag{3.51}$$

式中：H 为步长约束，按照一定方式更新。文献中已有证明，式（3.51）的解可表示为

$$\Delta\boldsymbol{x}_k = -\left[\boldsymbol{J}(\boldsymbol{x}_k)^{\mathrm{T}}\boldsymbol{J}(\boldsymbol{x}_k) + \mu_k I\right]^{-1}\boldsymbol{J}(\boldsymbol{x}_k)^{\mathrm{T}}h(\boldsymbol{x}_k) \tag{3.52}$$

式中：μ_k 为 L-M 算法的阻尼因子，在特定的 μ_k 取值下 L-M 算法可以取得超线性收敛速度。

阻尼因子 μ 的选择是自适应 L-M 算法提高潮流收敛性的关键。为了满足阻尼因子随迭代过程变化的要求，本节介绍一种常用的自适应阻尼因子选取策略：

$$\mu_k = \alpha_k ||h(\boldsymbol{x}_k)||_2 \tag{3.53}$$

式中：α_k 为自适应因子，$\alpha_k > 0$。

为验证当前迭代步的有效性，引入取舍指标：

$$\tau_k = \frac{||h(\boldsymbol{x}_k)||_2^2 - ||h(\boldsymbol{x}_k + \Delta\boldsymbol{x}_k)||_2^2}{||h(\boldsymbol{x}_k)||_2^2 - ||h(\boldsymbol{x}_k + \boldsymbol{J}(\boldsymbol{x}_k)\Delta\boldsymbol{x}_k)||_2^2} \tag{3.54}$$

式中：τ_k 定义了功率偏差的实际减小量与预期减小量之比。当取舍指标 τ_k 大于设定的（非负）阈值时，接受当前迭代步 $\Delta\boldsymbol{x}_k$ 并调节自适应因子 α_k。

采用以上阻尼因子选取策略的自适应 L-M 算法计算过程如下：

1）给定变量初值 $\boldsymbol{x}_1$，迭代步数 $k = 1$，给定常数 m、$0 < p_0 < p_1 < p_2 < 1$ 以及收敛精度 ε，设置 α_1 满足 $\alpha_1 > m$。

2）由式（3.53）得到 μ_k 后，根据式（3.52）计算 $\Delta\boldsymbol{x}_k$。

3）按式（3.54）计算 τ_k，并选择是否接受 $\Delta\boldsymbol{x}_k$：

$$\boldsymbol{x}_{k+1} = \begin{cases} \boldsymbol{x}_k + \Delta\boldsymbol{x}_k, & \tau_k > p_0 \\ \boldsymbol{x}_k, & \tau_k \leqslant p_0 \end{cases} \tag{3.55}$$

4）调整自适应因子：

$$\alpha_{k+1} = \begin{cases} 10\alpha_k, & \tau_k < p_1 \\ \alpha_k, & p_1 \leqslant \tau_k \leqslant p_2 \\ \max\left\{\dfrac{\alpha_k}{10}, m\right\}, & \tau_k > p_2 \end{cases} \tag{3.56}$$

5）采用判据 $\left\| \boldsymbol{J}(\boldsymbol{x}_k)^{\mathrm{T}} \boldsymbol{F}(\boldsymbol{x}_k) \right\|_2$ 来判别算法收敛与否，收敛则退出并输出结果，否则返回步骤 2）。

3.3.3　BFGS 信赖域算法

BFGS（Broyden-Fletcher-Goldfarb-Shanno）信赖域算法与 L-M 算法相似，都是通过将原潮流方程式（3.23）转化为一个最小二乘问题（3.50）来进行求解。但不同的是，BFGS 信赖域算法将最小二乘问题在当前迭代点 $\boldsymbol{x}_k$ 处进行二阶泰勒展开来逼近目标函数 $G(\boldsymbol{x})$。该方法直接通过模型求解得到试探步长，具有可靠性、有效性和二阶收敛性的特点。

最小二乘问题（3.50）在当前迭代点 $\boldsymbol{x}_k$ 处的二阶泰勒展开式可以写为

$$\begin{cases} \min & G(\boldsymbol{x}_k) + \nabla G(\boldsymbol{x}_k)^{\mathrm{T}} \Delta \boldsymbol{x}_k + \dfrac{1}{2} \Delta \boldsymbol{x}_k^{\mathrm{T}} \nabla^2 G(\boldsymbol{x}_k) \Delta \boldsymbol{x}_k \\ \mathrm{s.t.} \, \|\Delta \boldsymbol{x}_k\|_2 \leqslant R_k \end{cases} \tag{3.57}$$

式中：$\nabla G(\boldsymbol{x}_k)$、$\nabla^2 G(\boldsymbol{x}_k)$ 分别为 $G(\boldsymbol{x})$ 在当前迭代点 $\boldsymbol{x}_k$ 处的梯度向量和黑塞矩阵，其中黑塞矩阵为

$$\nabla^2 G(\boldsymbol{x}_k) = \begin{bmatrix} \frac{\partial^2 G(\boldsymbol{x})}{\partial \omega^2} & \frac{\partial^2 G(\boldsymbol{x})}{\partial \omega \partial U_1} & \cdots & \frac{\partial^2 G(\boldsymbol{x})}{\partial \omega \partial \delta_2} & \cdots & \frac{\partial^2 G(\boldsymbol{x})}{\partial \omega \partial \delta_N} \\ \frac{\partial^2 G(\boldsymbol{x})}{\partial U_1 \partial \omega} & \frac{\partial^2 G(\boldsymbol{x})}{\partial U_1^2} & \cdots & \frac{\partial^2 G(\boldsymbol{x})}{\partial U_1 \partial \delta_2} & \cdots & \frac{\partial^2 G(\boldsymbol{x})}{\partial U_1 \partial \delta_N} \\ \vdots & \vdots & \vdots & \vdots & \vdots & \vdots \\ \frac{\partial^2 G(\boldsymbol{x})}{\partial \delta_N \partial \omega} & \frac{\partial^2 G(\boldsymbol{x})}{\partial \delta_N \partial U_1} & \cdots & \frac{\partial^2 G(\boldsymbol{x})}{\partial \delta_N \partial \delta_2} & \cdots & \frac{\partial^2 G(\boldsymbol{x})}{\partial \delta_N^2} \end{bmatrix}_{\boldsymbol{x}=\boldsymbol{x}_k} \tag{3.58}$$

对于中大规模的孤岛微电网，未知变量及节点功率方程多，则计算黑塞矩阵式（3.58）复杂，且每一次迭代都必须重新计算黑塞矩阵及其逆矩阵，导致计算量大。为了减少计算量，有文献提出在保持信赖域算法总体收敛的前提下，构造黑塞矩阵的近似矩阵 $\boldsymbol{B}_k$。则信赖域新子问题表示为

$$\begin{cases} \min & q(\Delta \boldsymbol{x}_k) = G(\boldsymbol{x}_k) + \boldsymbol{g}_k^{\mathrm{T}} \Delta \boldsymbol{x}_k + \dfrac{1}{2} \Delta \boldsymbol{x}_k^{\mathrm{T}} \boldsymbol{B}_k \Delta \boldsymbol{x}_k \\ \mathrm{s.t.} \, \|\Delta \boldsymbol{x}_k\|_2 \leqslant R_k \end{cases} \tag{3.59}$$

式中：$q(\Delta \boldsymbol{x}_k)$ 为信赖域新子问题的目标函数；$\boldsymbol{g}_k$ 为 $G(\boldsymbol{x})$ 在当前迭代点 $\boldsymbol{x}_k$ 处的梯度；$\boldsymbol{B}_k \in \mathrm{R}^{n \times n}$ 为对称正定矩阵，是由 BFGS 修正产生的近似矩阵。

用折线方法求解信赖域新子问题（3.59），得到试探步长 $\Delta \boldsymbol{x}_k$，再用某一评价函数来决定是否接受该试探步长以及确定下一次迭代的信赖域半径。评价函数一般选用：

$$\tau_k = \frac{\Delta G_k}{\Delta q_k} = \frac{G(\boldsymbol{x}_k) - G(\boldsymbol{x}_k + \Delta \boldsymbol{x}_k)}{G(\boldsymbol{x}_k) - q(\Delta \boldsymbol{x}_k)} \tag{3.60}$$

式中：ΔG_k、Δq_k 分别为 $G(\boldsymbol{x})$ 在第 k 步的实际下降量和预测下降量。

τ_k 的大小反映了 $q(\Delta \boldsymbol{x}_k)$ 逼近 $G(\boldsymbol{x}_k + \Delta \boldsymbol{x}_k)$ 的程度。若 τ_k 接近于 1，说明近似程度很好，则迭代成功，有如下判别式：

$$\boldsymbol{x}_{k+1} = \begin{cases} \boldsymbol{x}_k + \Delta \boldsymbol{x}_k, & \tau_k > \eta_1 \\ \boldsymbol{x}_k, & \tau_k \leqslant \eta_1 \end{cases} \tag{3.61}$$

式中：η_1 为迭代成功判别系数，$\eta_1 > 0$。

BFGS 修正如下：

$$B_{k+1} = \begin{cases} B_k - \dfrac{B_k \Delta x_k \Delta x_k^{\mathrm{T}} B_k}{\Delta x_k^{\mathrm{T}} B_k \Delta x_k} + \dfrac{y_k y_k^{\mathrm{T}}}{y_k^{\mathrm{T}} \Delta x_k}, & \tau_k > \eta_1 \\ B_k, & \tau_k \leqslant \eta_1 \end{cases} \tag{3.62}$$

式中：$y_k = g_{k+1} - g_k$。

设 B_k 对称正定，则 BFGS 修正式（3.62）可保证 B_{k+1} 为对称正定性矩阵，一般设 B_0 为单位矩阵。比较式（3.58）与（3.62）可知，由 BFGS 修正产生 B_{k+1} 矩阵比计算黑塞矩阵要简单。所以，基于目标函数和其梯度向量的信息构造黑塞矩阵的近似矩阵，不仅可保持矩阵的正定性、克服数值上的奇异性，及具有下降性及收敛速度快等优点，且可减少每次迭代的计算量。

迭代过程中，若 τ_k 接近于 1，则扩大信赖域半径 R_k；若 $\tau_k > 0$，但不接近于 1，则保持 R_k 不变；若 τ_k 接近于 0，则缩小 R_k，以提高 $q(\Delta x_k)$ 在信赖域内与 $G(x_k + \Delta x_k)$ 的近似程度。R_k 修正如下：

$$R_{k+1} = \begin{cases} \gamma_1 R_k, & \tau_k < \eta_1 \\ R_k, & \eta_1 \leqslant \tau_k \leqslant \eta_2 \\ \min\{\gamma_2 R_k, R_{\max}\}, & \tau_k > \eta_2 \end{cases} \tag{3.63}$$

式中：γ_1、γ_2 为信赖域半径修正系数，$0 < \gamma_1 \leqslant 1 \leqslant \gamma_2$；$\eta_2$ 为迭代成功判别系数，$0 < \eta_1 < \eta_2 < 1$。

基于 BFGS 信赖域算法的潮流计算具体步骤如下：

1）设置系统未知变量的初值 x_0、近似矩阵的初值 B_0、信赖域半径的上界 $R_{\max}$、信赖域半径的初值 R_0、迭代成功判别系数 η_1、η_2、信赖域半径修正系数 γ_1、γ_2；设置计算精度 ε，令迭代次数 $k = 0$。

2）若 $\|g_k\|_2 \leqslant \varepsilon$，则得到 x_k，并进一步计算出各节点注入功率、各线路功率及线路功率损耗；否则，转到步骤 3）。

3）求解信赖域新子问题式（3.59），得到 Δx_k。

4）由式（3.60）计算出 τ_k，再由式（3.61）得出 x_{k+1}、由式（3.62）修正得出 B_{k+1}、由式（3.63）修正得出信赖域半径 R_{k+1}。

5）令 $k = k+1$，转到步骤 2）。

3.3.4　类奔德斯分解算法

奔德斯分解算法是奔德斯在 1962 年首先提出的，目的是用于解决混合整数规划问题，即连续变量与整数变量同时出现的极值问题。该算法的基本思路是先将复杂变量固定，使得剩下的优化问题变得相当容易求解。同样的，在微电网潮流计算中也可以采用这一思路。类奔德斯分解算法将求解复杂的孤岛微电网潮流计算，分解成了一个容易求解的传统潮流计算子问题和一个利用下垂修正系统角频率、下垂控制 DG 有功出力以及电压幅值的子问题，基于两个子问题的交替迭代，完成对原问题的求解。该方法降低了下垂控制孤岛微电网潮流计算问题的求解难度，大大减小了运算量和编程难度。

1. 下垂控制 DG 节点处理

针对采用分散下垂控制策略的孤岛微电网的下垂控制 DG 参与调频的特点，将下垂控制孤岛微电网潮流计算分解为两个子问题：子问题 1，牛顿-拉夫逊潮流计算子问题；子问题 2，下垂节点更新子问题。通过两个子问题的交替求解获取最终的潮流解，其本质为一个分步迭代问题。

将下垂节点有功功率 P_k、无功功率 Q_k、电压幅值 U_k、电压相角 δ_k 这四个变量分为两组，分别在上述两个子问题中进行求解，且共有三种分组方式：1）将 P_k 和 Q_k 分为一组，在子问题 1 中求解，将 U_k 和 δ_k 分为一组，在子问题 2 中求解，此时下垂控制的 DG 等效为平衡节点；2）将 U_k 和 δ_k 分为一组，在子问题 1 中求解，将 P_k 和 Q_k 分为一组，在子问题 2 中求解，则此时下垂控制的 DG 等效为 PQ 节点；3）将 Q_k 和 δ_k 分为一组，在子问题 1 中求解，将 P_k 和 U_k 分为一组，在子问题 2 中求解，则此时下垂控制的 DG 等效为 PV 节点。

在求解子问题 1 时，可将下垂控制的 DG 等效为 PQ 节点、PV 节点、平衡节点这三种节点类型，但考虑到在进行潮流计算时 PQ 节点的雅可比矩阵阶数要高于 PV 节点，较高阶的雅可比矩阵将影响潮流计算的收敛性和计算速度，故将下垂节点等效为 PQ 节点会影响该算法的收敛性和收敛速度。因此，任意选取某一下垂控制 DG 为平衡节点，剩余下垂控制 DG 作为 PV 节点。为区分下垂控制 DG 等效成的 PV 节点与原系统中的 PV 节点，将下垂控制 DG 等效的 PV 节点简称下垂 PV 节点。

2. 下垂节点更新

下垂节点更新的目的在于基于牛顿-拉夫逊法潮流计算结果修正系统角频率、下垂控制 DG 的有功输出及电压幅值。

考虑到系统频率为全局量，且为确保空载运行时孤岛微电网中不同 DG 装置之间无环流产生，各逆变器下垂控制的空载角频率 ω_0 取为相同值，若定义某网络中的第 1 至 k 号节点为下垂节点，则存在：

$$m_{P1}P_{G1} = m_{P2}P_{G2} = \cdots = m_{Pk}P_{Gk} \tag{3.64}$$

若选择下垂节点 j 为平衡节点，基于系统频率是全局量可以推导出下一次迭代开始前下垂节点 j 的注入有功功率 P_{Gj} 如式（3.65）所示。

$$P_{Gj} = \frac{\prod\limits_{i=1,i\neq j}^{k} m_{Pi} \sum\limits_{i=1}^{k} P_{Gi}}{\sum\limits_{t=1}^{k} \prod\limits_{i=1,i\neq t}^{k} m_{Pi}} \tag{3.65}$$

通过式（3.65）完成等效为平衡节点的下垂控制 DG 有功出力的修正，将修正后的 P_{Gj} 代入 $\omega_i = \omega_{0i} - m_{Pi}P_{Gi}$ 计算下次迭代的系统角频率 ω_k，即实现对系统角频率的修正。

基于下垂控制 DG 的下垂特性，求取系统其余下垂节点的注入有功功率表达式，如式（3.66）所示。

$$P_{Gk} = \frac{\omega_0 - \omega_k}{m_{Pk}} \tag{3.66}$$

在一次迭代中，通过上述过程完成对系统角频率、各下垂控制 DG 注入有功功率的修正。可以看出，该方法虽然简单，编程量较小，但由于将潮流问题拆分后需要不断进行迭代与更新，因此存在收敛速度慢的缺点[12]，在实际微电网潮流计算中不推荐此算法。

3. 类奔德斯算法潮流计算流程

该算法本质为一个分步迭代的问题，一次完整的迭代包括子问题 1 与子问题 2 的求解两部分，通过数次迭代逼近孤岛运行微电网的潮流解。

定义前后两次迭代后所得系统状态量之差为 $\Delta x = \left\|x^n - x^{n-1}\right\|$，当 Δx 小于误差限值 ε 时，可认为下垂控制微电网潮流计算收敛。该方法的具体步骤如下。

1）初始化。选取某一下垂节点作为平衡节点，其余下垂节点作为 PV 节点，并给定系统频率、电压幅值、相角、下垂 PV 节点注入有功功率的初始值，给定误差限值 ε、最大迭代次数 $n_{\max}$。

2）计算节点导纳矩阵，更新负荷，用牛顿-拉夫逊法对问题 1 进行求解，获取平衡节点有功及无功功率、下垂 PV 节点无功功率及电压相角。

3）判断是否收敛，若不收敛则进入步骤 4）。若收敛则输出潮流解。

4）$n = n + 1$，由式（3.65）获取平衡节点有功功率，基于 P-f 下垂特性更新系统角频率，基于 Q-U 下垂特性更新平衡节点与各下垂 PV 节点电压幅值，并根据式（3.66）更新各下垂 PV 节点有功功率，返回步骤 2）。

3.4 算例分析

由于目前实际运行的微电网主要是交流微电网，因此本节采用微电网潮流计算中常用的 38 节点交流微电网系统为例进行分析。该算例在 IEEE 33 节点系统的 8、12、22、25、29 节点分别接入 5 个 DG 装置，包括 2 个风电机组、1 个光伏电池及 2 个燃气轮机，构成 38 节点孤岛交流微电网系统，如图3-6所示。其中，风电机组所在的 34、35 节点处理为 PQ 节点，光伏电池所在的 37 节点处理为 PV 节点，风电机组和光伏电池的出力设定值如表3.1所示；燃气轮机所在的 36、38 节点为下垂控制节点，采用 P-f/Q-U 下垂控制策略，下垂控制参数如表3.2所示。在下垂节点空载运行时，取 $\omega_0 = 1.004$，$U_{0i} = 1.06$。负荷模型中，有功、无功功率指数与静态频率特性参数如表3.3所示。取系统基准容量为 1MVA，基准频率为 50Hz。

表 3.1 风力机组与光伏电池出力

节点号	发电机类型	有功出力/MVA	无功出力/MVA
34	风电机组	0.3	0.2
35	风电机组	0.6	0.4
37	光伏电池	0.196	0

表 3.2 下垂节点控制系数

下垂节点编号	m	n
36	0.002	0.167
38	0.003	0.122

表 3.3　负荷类型和参数设定

负荷类型	α	β	K_{pf}	K_{qf}
恒定负荷	0.00	0.00	0.00	0.00
工业负荷	0.18	6.00	2.60	1.60
居民负荷	0.92	4.04	0.85	-2.00
商业负荷	1.51	3.40	1.35	-1.35

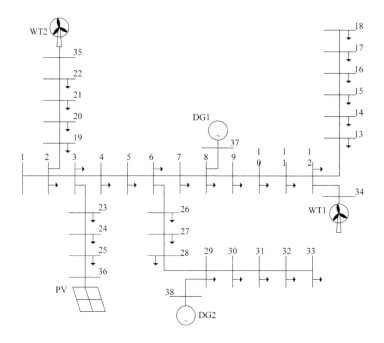

图 3-6　38 节点孤岛交流微电网

3.4.1　潮流计算结果

　　本节在此选取牛顿-拉夫逊法、辅助因子两步求解法、L-M 算法这三种比较有代表性的方法进行潮流计算。三种方法计算结果完全一致，各个节点电压如表3.4所示。

表 3.4　潮流计算结果

节点	U_i/p.u.	节点	U_i/p.u.	节点	U_i/p.u.	节点	U_i/p.u.	节点	U_i/p.u.
1	0.9911	2	0.9911	3	0.9904	4	0.9889	5	0.9877
6	0.9857	7	0.9871	8	0.9864	9	0.9837	10	0.9813
11	0.9810	12	0.9805	13	0.9751	14	0.9731	15	0.9713
16	0.9706	17	0.9688	18	0.9682	19	0.9916	20	0.9969
21	0.9989	22	1.0031	23	0.9919	24	0.9956	25	1.0024
26	0.9856	27	0.9855	28	0.9849	29	0.9848	30	0.9816
31	0.9778	32	0.9770	33	0.9768	34	0.9868	35	1.0154
36	1.0082	37	1.0000	38	1.0022				

3.4.2　不同初值下的潮流计算

这一部分对牛顿-拉夫逊法、辅助因子两步求解法和 L-M 算法的鲁棒性进行对比，采用随机产生的变量初值进行计算。考虑微电网运行安全，电压初值与频率满足以下约束：$0.94\text{p.u.} < U_i^{(0)} < 1.06\text{p.u.}$，$0.996\text{p.u.} < \omega_0^{(0)} < 1.004\text{p.u.}$ 。为排除单次计算的随机干扰，各算法均进行 100 次的随机初值计算，收敛精度 $\varepsilon = 10^{-6}$，最大迭代次数设为 40。改变相角初值波动的幅度，统计三种算法不收敛次数，如表3.5所示。

表 3.5　初值变化下 3 种算法收敛情况对比

初值波动范围	辅助因子两步求解算法	牛顿-拉夫逊算法	L-M 算法
$\delta_i^{(0)}=0\text{rad}$	0	16	0
$0\text{rad}<\delta_i^{(0)}<0.1\text{rad}$	0	75	0
$0\text{rad}<\delta_i^{(0)}<0.2\text{rad}$	0	100	23
$0\text{rad}<\delta_i^{(0)}<0.3\text{rad}$	0	100	92

由表3.5可知，牛顿-拉夫逊法在微电网潮流计算中容易出现不收敛的情况，鲁棒性较差。本章中介绍的辅助因子两步求解法与自适应 L-M 算法均有较强的鲁棒性，能适应一定程度的初值波动。并且相对来说，辅助因子两步求解算法的鲁棒性更强，当各个节点的初始相角波动范围高达 0~0.3rad 时，依然可以保证每次潮流计算收敛，更适用于孤岛微电网的潮流计算。

3.4.3　不同算法计算效率对比

由于微电网中常用蒙特卡洛 DG 出力的不确定性，对算法的计算效率有一定要求。现假设 34、35 节点连接的风力机组，其风速遵循两参数威布尔分布，37 节点连接的光伏电池，其光照分布遵循 Beta 分布。设定收敛精度 $\varepsilon = 10^{-6}$，对孤岛微电网进行 1000 次模拟计算，记录 3 种算法的计算时间如表3.6所示。

表 3.6　蒙特卡洛模拟耗费时间

方法	辅助因子两步求解算法	牛顿-拉夫逊算法	L-M 算法
计算时间/s	18.3923	18.363	18.7153
相对耗时	100.16%	100.00%	101.92%

由表3.6可知，辅助因子两步求解法与自适应 L-M 算法在加强了鲁棒性的同时保证了计算效率，在 1000 次蒙特卡洛模拟中与牛顿-拉夫逊法计算速度相近。因此对于微电网潮流计算来说，上述两种算法相比牛顿-拉夫逊法更适用于潮流计算。

总的来说，辅助因子两步求解算法与自适应 L-M 算法均能较好地兼顾鲁棒性与计算效率，在微电网潮流计算中具有良好的应用前景。相比于基于信赖域的 L-M 算法与 BFGS 算法，辅助因子两部求解算法在初值波动时展现出更好的鲁棒性，即使用于病态程度强的微电网中，也可以保证潮流计算的稳定性。

3.5　总　结

本章从微电网潮流计算的模型和算法两个方向切入，对微电网的潮流计算进行了详细讲述。模型方面，针对常见的交流微电网、直流微电网和交直流微电网均建立了计算模型，并对其中与传统潮流计算模型的不同之处进行了详细讲述。算法方面，针对微电网阻抗比高、在求解过程中容易导致雅克比矩阵奇异的问题，介绍了辅助因子两步求解算法、自适应 L-M 算法等更适用于微电网潮流计算的算法。从算法的原理和实际应用入手，对每个算法进行了详细阐述。最后通过算例分析，对上述的计算模型与算法进行了应用，并在算例分析中对比了几种算法的鲁棒性与计算速度，让读者对不同算法之间的差别可以有更真实的感受。

参考文献

1. 彭寒梅, 李帅虎, 李辉, 等. 孤岛运行交直流混合微电网的潮流计算 [J]. 电网技术, 2017, 41(9): 2887-2895.

2. 彭寒梅, 曹一家, 黄小庆. 基于 BFGS 信赖域算法的孤岛微电网潮流计算 [J]. 中国电机工程学报, 2014, 34(16): 2627-2638.

3. 王晗, 严正, 徐潇源, 等. 计及可再生能源不确定性的孤岛微电网概率潮流计算 [J]. 电力系统自动化, 2018, 42(15): 110-117.

4. Tang K,Dong S,Shen J,et al.A robust and efficient two-stage algorithm for power flow calculation of large-scale systems[J]. IEEE Transactions on Power Systems, 2019, 34(6): 5012-5022.

5. 李培帅, 施烨, 吴在军, 等. 孤岛微电网潮流的类奔德斯分解算法 [J]. 电力系统自动化, 2017, 41(14): 119-125.

6. Gomez-exposito A.Factored solution of nonlinear equation systems[J]. Proceedings of The Royal Society-A, 2014, 470, 20140236.

7. Gomez-exposito A,Gomez-quiles C.Factorized load flow[J].IEEE Transactions on Power Systems, 2013, 28(4): 4607-4614.

8. Eajal A A,Abdelwahed M A,Ei-saadany E F,et al.A unified approach to the power flow analysis of AC/DC hybrid microgrids[J].IEEE Transactions on Sustainable Energy, 2016, 7(3): 1145-1158.

9. Singh D,Misra R K,Singh D.Effect of load models in distributed generation planning[J].IEEE Transactions on Power Systems, 2007, 22(4): 2204-2212.

10. IEEE Task Force on Load Representaion for Dynamic Performance.Bibliography on load models for power flow and dynamic performance simulation[J]. IEEE Transactions on Power Systems, 1995, 10(1): 523-538.

11. 严正, 范翔, 赵文恺, 等. 自适应 Levenberg-Marquardt 方法提高潮流计算收敛性 [J]. 中国电机工程学报, 2015, 35(8): 1909-1918.

12. 李星梅, 钟志鸣, 赵秋红. 求解多项目组合选择问题的奔德斯分解算法 [J]. 系统工程理论与实践, 2018, 38(11): 2863-2873.

第4章 微电网电压稳定性分析

4.1 概 述

目前,对微电网研究主要集中在微电源的建模、微电网的运行与控制等。但是,作为现代电力系统中的一员,微电网中的多个分布式电源自身具有的随机性、间歇性,使微电网的电压稳定成为影响电力系统稳定不可忽视的问题。鉴于微电网良好的发展前景,研究微电网电压稳定性变得十分有意义。微电网自身的因素及发展技术的不成熟性,导致微电网在电压稳定方面存在很多失稳隐患,主要表现在:

(1)微电网中存在很多分布式电源,一些重要的分布式电源如光伏发电系统、风力发电系统,其有功出力对天气和气候十分敏感。风速、光照的随机性、间歇性导致风力发电系统和光伏发电系统出力的间歇性和不可控。这些对微电网电压稳定造成不可避免的影响。

(2)微电网中很多分布式电源与大电网的接口为电力电子器件,如光伏发电系统、微型燃气轮机、燃料电池等,这些电力电子设备可能不具备像同步发电机一样的调节功能,当系统受到大的扰动时,可能导致微电网系统电压失稳。

(3)微电网中分布式电源的容量相对较小,即使是加入储能装置也无法平衡突发的系统波动,无法积极应对突发事件,电压调节能力差。当微电网中负荷消耗的电能突然增加很多时,分布式电源出力不能满足需求,即使采用强制性的控制也无法保证系统电压的稳定。

(4)当微电网运行在并网状态时,潮流双向流动,增加了系统电压控制的复杂性;当微电网运行在孤岛状态时,微电网中分布式电源自身调节能力有限,并且彼此的关联性不强,无法应对故障或者无功负荷的大波动。

鉴于以上原因,本章将对微电网电压稳定性分析的常用模型与算法进行介绍。目前,在传统输电网的电压稳定性分析中,常用最大负荷裕度作为该系统电压稳定性的指标。计算最大负荷裕度的常用算法有两种:连续潮流法(Continuous Power Flow)与非线性规划法(Nonlinear Programming Method)。与传统输电网类似,微电网的电压稳定性分析同样可以采用上述的两种方法。因此,本章将从连续潮流法与非线性规划法入手,介绍该两种方法在孤岛微电网电压稳定分析中的应用,同时也对近年来提出的一些快速求取最大负荷裕度的方法进行介绍。最后,通过算例分析对所介绍的模型与算法进行验证。

4.2 连续潮流算法

连续潮流算法是计算最大负荷裕度的有效工具，一般由预测环节、校正环节、参数化方法和步长控制 4 部分组成。该方法以常规潮流计算所得结果为初始点，根据确定的功率增长方向进行逐点迭代，计算系统的 P-V 曲线，并获得在满足电压稳定性前提下的最大负荷裕度。

本节将对孤岛微电网连续潮流计算的模型与算法进行介绍，总共分为三部分。第一部分暂不考虑随机性，对微电网连续潮流计算的模型与算法进行介绍，方便部分不了解微电网连续潮流计算的读者进行阅读。后两部分考虑随机性，分别介绍两点估计法、半不变量法与连续潮流计算的结合。

4.2.1 不考虑随机性的微电网连续潮流计算

1. 连续潮流计算模型

连续潮流计算模型由 PQ、PV、下垂节点的潮流平衡方程结合负荷增长模型与参数化方程构成。

（1）潮流方程

PQ、PV、下垂节点的潮流平衡方程在第 3 章中已经进行了介绍，在此进行简单的回顾。PQ 节点潮流方程为

$$\begin{cases} f_{PQ,i}^{P} = P_{Gi} - P_{Li} - P_i = 0 \\ f_{PQ,i}^{Q} = Q_{Gi} - Q_{Li} - Q_i = 0 \end{cases} \tag{4.1}$$

式中：P_{Gi}、Q_{Gi} 为节点 i 上 DG 输出的有功、无功功率，若节点 i 没有 DG 则为 0；P_i、Q_i 为节点 i 注入的有功、无功功率。

PV 节点的节点功率方程为

$$f_{PV,i}^{P} = P_{Gi} - P_{Li} - P_i = 0 \tag{4.2}$$

本章中下垂节点采用 P-f/Q-U 的下垂控制策略，下垂节点的功率方程为

$$\begin{cases} f_{D,i}^{P} = \dfrac{1}{m_{Pi}}(\omega_0 - \omega) - P_{Li} - P_i = 0 \\ f_{D,i}^{Q} = \dfrac{1}{n_{Qi}}(U_0 - U_i) - Q_{Li} - Q_i = 0 \end{cases} \tag{4.3}$$

式中：m_{Pi}、Q_{Qi} 为节点 i 的有功无功控制系数；ω_0 为系统空载频率；U_0 为节点 i 空载时的电压；U_i 为节点 i 的实际电压。

（2）负荷增长模型

为了反映负荷和发电功率的变化，将参数 λ 引入潮流方程，使得

$$1 \leqslant \lambda \leqslant \lambda_{\max} \tag{4.4}$$

式中：$\lambda = 1$ 相应于基本负荷；$\lambda = \lambda_{\max}$ 相应于临界负荷。这样，负荷功率的变化可以用下式模拟：

$$\begin{cases} P_{Li} = P_{Li(0)} + (\lambda - 1)\Delta P_{Li} \\ Q_{Li} = Q_{Li(0)} + (\lambda - 1)\Delta P_{Li}\tan\theta_i \end{cases} \tag{4.5}$$

式中：$P_{Li(0)}$、$Q_{Li(0)}$ 为节点 i 的基本有功无功负荷；ΔP_{Li} 为预设的有功负荷增量；θ_i 为节点 i 的功率因数。

同样的，微电网中可控发电单元的有功出力也修正为

$$P_{Gi} = Q_{Gi(0)} + (\lambda - 1)\Delta P_{Gi} \tag{4.6}$$

式中：$P_{Gi(0)}$ 为发电单元 i 的基本有功出力；ΔP_{Gi} 为预设的有功负荷增量。

在没有特殊要求的情况下，一般可以取 $\Delta P_{Li} = P_{Li(0)}$、$\Delta P_{Gi} = P_{Gi(0)}$。此时增长模型变为

$$\begin{cases} P_{Li} = \lambda P_{Li(0)} \\ Q_{Li} = \lambda Q_{Li(0)} \\ P_{Gi} = \lambda P_{Gi(0)} \end{cases} \tag{4.7}$$

（3）参数化方程

结合式（4.1）、（4.2）、（4.3）和（4.7），微电网的潮流计算模型可以概括为

$$h(x,\lambda) = 0 \tag{4.8}$$

由于参数 λ 的引入，此时潮流方程中有 $n+1$ 个未知数，但只有 n 个方程，因此需要引入一个参数化方程。参数化策略是贯穿整个连续方法的核心，它决定了整个连续潮流的应用情况。所谓参数化方法就是如何构造一个方程，使得它与参数化后的潮流方程一起构成一个具有 $n+1$ 个待求变量的 $n+1$ 维方程组，来确定曲线上的下一个点。这个方程的一个重要作用就是使得增广后雅可比矩阵在最大负荷点处非奇异、不病态。常用的参数化方法有局部参数化方法、弧长参数化方法、拟弧长参数化方法和正交参数化等。本节采用拟弧长参数化方法，该方法为全局化参数化方法，鲁棒性较强。拟弧长参数化方程如下所示：

$$\begin{cases} g(x,\lambda) = (x - x_j)^{\mathrm{T}}\dot{x}_j + (\lambda - \lambda_j)\dot{\lambda}_j - \Delta s_j \\ x = [\delta, U, \omega]^{\mathrm{T}} \end{cases} \tag{4.9}$$

式中：x_j、λ_j 为当前点；$\dot{x}_j$、$\dot{\lambda}_j$ 为当前点的梯度；Δs_j 为步长。

2. 连续潮流算法

（1）起始点计算

连续潮流中起始点的计算即为计算当 $\lambda = 1$ 时式（4.8）的解，属于常规潮流计算，一般采用传统牛顿法。但就像在第 3 章潮流计算中所介绍的，孤岛微电网潮流计算中容易导致雅可比矩阵奇异，传统牛顿法在求解过程中容易出现不收敛的情况。因此，需要在起始点计算中选取鲁棒性更强的算法。

本节在此选用辅助因子两步求解算法进行起始点的计算。根据第三章中的分析，该算法鲁棒性较强，适用于起始点的计算。具体的计算过程可见第三章，在此不再赘述。

（2）预测环节

预测环节就是根据当前点及其以往几点来给出解轨迹下一个点的估计值，从而有利于下一

点求解的快速收敛。连续潮流中通常采用的预测方法有一阶微分方法（如正切预测法）和多项式外插方法（与二分法等）。在计算量上，多项式外插方法要小于一阶微分方法，但是一阶微分法的应用更为广泛。这主要是因为在计算过程中通常要检查是否已经穿越分岔点，而这通常要通过计算一阶微分来判断。此外，虽然预测过程中计算一阶微分的扩展矩阵可以不同于校正过程中参数化后的扩展矩阵，但是采用相一致的扩展矩阵是一个很好的选择，因为这使得在预测过程中不必对扩展矩阵进行因子化的工作，而仅仅是一次快速前代和一次完全回代的计算量。因此，本节在此采用正切预测法，具体公式如下：

$$
\begin{bmatrix} \dfrac{\partial h}{\partial \delta} & \dfrac{\partial h}{\partial U} & \dfrac{\partial h}{\partial \omega} & \dfrac{\partial h}{\partial \lambda} \\ \dfrac{\partial g}{\partial \delta} & \dfrac{\partial g}{\partial U} & \dfrac{\partial g}{\partial \omega} & \dfrac{\partial g}{\partial \lambda} \end{bmatrix}_{x=x_j} \begin{bmatrix} \mathrm{d}\delta \\ \mathrm{d}U \\ \mathrm{d}\omega \\ \mathrm{d}\lambda \end{bmatrix}_j = \begin{bmatrix} 0 \\ 1 \end{bmatrix}
\tag{4.10}
$$

式中：x_j 为第 j 次预测的参考点。

通过式（4.10）获得第 j 次预测的切向量后，可通过式（4.11）获得下一次潮流解的预测点：

$$
\begin{bmatrix} \delta' \\ U' \\ \omega' \\ \lambda' \end{bmatrix}_{j+1} = \begin{bmatrix} \delta \\ U \\ \omega \\ \lambda \end{bmatrix}_j + \Delta s_j \begin{bmatrix} \mathrm{d}\delta \\ \mathrm{d}U \\ \mathrm{d}\omega \\ \mathrm{d}\lambda \end{bmatrix}_j
\tag{4.11}
$$

式中：$\begin{bmatrix} \delta' & U' & \omega' & \lambda' \end{bmatrix}^{\mathrm{T}}_{j+1}$ 为下一点潮流解的预测值；Δs_j 为步长。

（3）校正环节

校正环节以上一步预测所得值作为潮流计算初值来求解潮流方程。参数化的潮流方程（4.8）结合参数化方程（4.9），正好为 $n+1$ 个未知数的 $n+1$ 维方程，如式（4.12）所示：

$$
\begin{cases} h(x, \lambda) = 0 \\ g(x, \lambda) = 0 \end{cases}
\tag{4.12}
$$

由于经过上一步的预测环节，校正环节中的初值与计算所得终值结果将非常接近。加之以合适的步长控制策略，求解过程较难出现不收敛的情况。因此，选用牛顿-拉夫逊法作为校正环节的求解算法就可以满足这一步的需要。

（4）步长控制

步长控制为连续潮流计算中的必要环节。若选择步长过大，校正环节容易不收敛；若步长过小，计算效率会降低。因此，有必要指定合理的步长控制策略，自适应地增大 P-V 曲线平坦部分的步长，减小拐点的步长，来保证鲁棒性的同时提高计算效率。

传统输电网步长控制策略通常需要比较系统中所有节点的电压幅值或者斜率的变化，并从中选择最大值，若系统中节点较多，则会比较耗时。考虑到采用下垂控制的微电网在负荷增大的同时会降低系统频率以增加有功功率输出，因此本节在此提出一种基于频率变化的自适应步长控制方法，避免了不同节点电压幅值之间的烦琐比较。步长控制公式具体如下式所示：

$$
\Delta s_j = k_1 e^{-(\omega_0 - \omega)/m_{\min}} + k_2
\tag{4.13}
$$

式中：$m_{\min}$ 为所有下垂节点有功控制系数的最小值；k_1 和 k_2 为步长计算系数，连续潮流计算初期（$\lambda = 1$）时步长主要由 k_1 决定，在连续潮流逐渐接近最大负荷点时步长主要由 k_2 决定。

以上便是微电网连续潮流计算中一次迭代的完整过程。值得注意的是，在每一个连续潮流校正步骤完成后，需要对 PV 节点与下垂节点功率是否越限进行判断，若出现节点功率越限则需要进行节点类型转换，具体转换逻辑可见第 3 章。

4.2.2　基于两点估计法的微电网电压稳定裕度计算

目前，常用的电压稳定概率评估方法有蒙特卡洛法、点估计法、半不变量法和随机响应面法等。蒙特卡洛法可以方便模拟各种不确定因素，但需要反复大量的抽样计算，本书在第 3 章尝试使用蒙特卡洛法进行概率潮流的计算，计算过程确实比较费时。因此，本节将介绍基于两点估计法的微电网电压稳定裕度计算，点估计法具有计算量少、可快速处理不确定性因素的特点。

1. 两点估计法

风机、光伏与负荷的随机性模型可见第 2 章，本节直接对点估计法进行介绍。点估计法是根据已知的随机变量的概率分布，求取待求随机量的数字特征值的方法。两点估计法（Two-Point Estimate Method，2PEM）是点估计法的一种，其方法为对包括 n 个独立随机变量的系统，对每个随机变量分别构造 2 个样本点，利用样本点计算所得的随机分布的前 $2r-1$ 阶矩与待求变量的前 $2r-1$ 阶矩相等的原理，求出待求变量 Y 的前 $2r-1$ 阶矩，进而估算其概率分布。

第 i 个随机变量对应的 2 个样本点第 i 个分量的取值如式（4.14）所示：

$$\begin{cases} x_{i,1} = \mu_i + \xi_{i,1}\sigma_i \\ x_{i,2} = \mu_i + \xi_{i,2}\sigma_i \end{cases} \tag{4.14}$$

式中：$i = 1,2,\cdots,n$；μ_i、σ_i 分别为第 i 个随机变量 χ_i 的均值与标准差；$x_{i,1}$、$x_{i,2}$ 分别与其他随机变量的均值组成 2 个样本点 $(\mu_1,\cdots,x_{i,1},\cdots,\mu_n)$、$(\mu_1,\cdots,x_{i,2},\cdots,\mu_n)$，用于计算相应的电压稳定裕度，$\xi_{i,1}$、$\xi_{i,2}$ 为样本点的位置参数。

样本点的权重系数 $\omega_{i,1}$、$\omega_{i,2}$ 及位置参数 $\xi_{i,1}$、$\xi_{i,2}$ 满足方程：

$$\begin{cases} \sum_{j=1}^{2} \omega_{i,j}\xi_{i,j}^{l} = \lambda_{i,l} & l = 1,2,3 \\ \sum_{j=1}^{2} \omega_{i,j} = \dfrac{1}{n} & i = 1,2,\cdots,n \end{cases} \tag{4.15}$$

式中：$\lambda_{i,l}$ 为 χ_i 的 l 阶中心距 $M_i(\chi_i)$ 与 σ_i 的 l 次方的比值，即

$$\lambda_{i,l} = \frac{M_l(\chi_i)}{\sigma_i^l}, \qquad l = 1,2,3,4,\cdots \tag{4.16}$$

式中：$\lambda_{i,1} = 0$；$\lambda_{i,2} = 1$；$\lambda_{i,3}$ 为 x_i 的偏度，表示随机变量分布与正态分布的偏离程度；$\lambda_{i,4}$ 为 χ_i 的峰度，表示随机变量分布在均值附近的陡峭程度。

2.Cornish-Fisher 级数法

已知变量的各阶原点矩时，根据所求的随机变量 $\boldsymbol{Y}$ 的 t 阶半不变量 κ_t 与其 t 阶原点矩 $E(\boldsymbol{Y}^t)$ 的关系，可求 $\boldsymbol{Y}$ 的半不变量。设 θ 为随机变量 $\boldsymbol{Y}$ 的分位数，$\boldsymbol{Y}(\theta)$ 近似表达为

$$\boldsymbol{Y}(\theta) = \zeta(\theta) + \frac{\zeta(\theta)^2 - 1}{6}\kappa_3 + \frac{\zeta(\theta)^3 - 3\zeta(\theta)}{24}\kappa_4 + \frac{2\zeta(\theta)^3 - 5\zeta(\theta)}{36}\kappa_3^2 + \frac{\zeta(\theta)^4 - 6\zeta(\theta)^2}{120}\kappa_5 \quad (4.17)$$

式中：$\zeta(\theta) = \phi^{-1}(\theta)$，$\phi$ 为标准正态分布的概率分布函数。由 $\boldsymbol{Y}(\theta) = \boldsymbol{S}^{-1}(\boldsymbol{Y})$ 可以求得 $\boldsymbol{Y}$ 的概率分布 $\boldsymbol{S}(\boldsymbol{Y})$，从而通过求导可得 $\boldsymbol{Y}$ 的概率密度函数 $s(\boldsymbol{Y})$。

3. 电压稳定裕度评估算法

本节提出的微电网静态电压稳定裕度评估方法，采用两点估计法选取样本点进行计算，将不确定问题转换成确定性计算，利用连续潮流法求解基于各个样本点的电压稳定临界点，由此评估含随机输出 DG 的微电网电压稳定情况。步骤如下：

（1）获得随机输出 DG 的输出功率统计特征值，计算其期望、方差及三阶中心矩。

（2）采用两点估计法，计算 n 个随机变量对应的 $2n$ 个样本点的位置参数和权重系数。

（3）对于每个样本，采用常规微电网潮流计算获取网络当前运行状态。

（4）采用连续潮流法，计算负荷增长方向，求解扩展潮流方程，获得相应的电压稳定极限值。

（5）根据 $2n$ 样本对应的电压稳定临界值，计算微电网静态电压稳定临界值及负荷裕度的均值、标准差及三阶中心矩。

（6）采用 Cornish-Fisher 级数求负荷裕度及电压稳定临界点的分布模型和概率密度函数。

4.2.3　基于半不变量法的微电网电压稳定裕度计算

半不变量别名为累积量，在概率统计分析中是矩的一种卷积，也是随机变量的一种数字特征。近年来，在处理实际生产过程的随机性问题中有着广泛的应用，与其相对应的方法称之为半不变量法。其基本思想是把复杂的卷积计算简化为各阶次半不变量之间的代数运算，从而达到简化概率计算、减少计算量的目的。

1. 半不变量法原理

连续型随机变量 X 的分布函数 $F(x)$ 的特征函数定义为

$$\varphi(t) = E\left(e^{itX}\right) = \int_{-\infty}^{+\infty} e^{itx}\mathrm{d}F(x) \qquad t \in (-\infty, +\infty) \tag{4.18}$$

若连续性随机变量 X 已知其概率密度函数为 $p(x)$，则其特征函数为

$$\varphi(t) = \int_{-\infty}^{+\infty} e^{itx}p(x)\mathrm{d}x \qquad t \in (-\infty, +\infty) \tag{4.19}$$

这时，特征函数 $\varphi(t)$ 为 $p(x)$ 的傅里叶变换。假设分布函数的 s 原点矩存在，则特征函数 $\varphi(t)$ 在 $t=0$ 的领域内可展开成一个麦克劳林级数：

$$\varphi(t) = 1 + \sum_{k=1}^{s} \frac{\alpha_k}{k!}(it)^k + o(t^s) \tag{4.20}$$

对特征函数的麦克劳林级数展开式两边分别取对数，并将其用函数 ψ 表示为

$$\psi(t) = \log\varphi(t) = \sum_{k=1}^{s} \frac{\alpha_k}{k!}(it)^k + o(t^s) \tag{4.21}$$

随机变量 X 的 k 阶半不变量可表示为:

$$\kappa_k = \frac{1}{i^k}\left[\frac{\mathrm{d}^k}{\mathrm{d}t^k}\log\varphi(t)\right]_{t=0} \qquad k \leqslant s \tag{4.22}$$

式中: κ_k 即表示为随机变量 X 的 k 阶半不变量, 由唯一性定理可知随机变量 X 的各阶半不变量序列可以唯一地确定 X 的分布。

随机变量的矩是表征其分布特性的数字特征, 当随机变量的 k 阶原点矩 α_k 存在时, 根据半不变量的性质可知, 其半不变量 $\kappa_i(i \leqslant k)$ 必存在, 其值可由不高于相应阶次的各阶矩求得。两者之间的关系表达写成递归形式:

$$\kappa_n = \alpha_n - \sum_{k=1}^{n-1} C_{n-1}^{k-1}\kappa_k\alpha_{n-k} \tag{4.23}$$

通过反演可得由半不变量向原点矩的转换关系式为

$$\alpha_n = \sum_{k=0}^{n-1} C_{n-1}^{k}\alpha_k\kappa_{n-k} \tag{4.24}$$

由以上半不变量和矩的转换关系可知, 随机变量的期望值即为一阶半不变量, 随机变量的方差即为二阶半不变量。利用半不变量法对微电网进行静态电压稳定评估主要利用了半不变量的两个性质:

（1）如果随机变量 ξ 和 η 相互独立, $\kappa_k(\xi)$ 和 $\kappa_k(\eta)$ 分别表示为各自的 k 阶半不变量, 则两相互独立随机变量的 k 阶半不变量具有可加性, 可表达为

$$\kappa_k(\xi + \eta) = \kappa_k(\xi) + \kappa_k(\eta) \tag{4.25}$$

此性质不仅可以用到两个独立随机变量的半不变量求法当中, 并且可以推广得到有限个随机变量之和的半不变量等于各自的半不变量之和。

（2）如果随机变量 $\xi = aX + b$, 由半不变量的齐次性可知, ξ 的 k 阶半不变量 $\kappa_k(\xi)$ 可表示为

$$\kappa_k(\xi) = \begin{cases} a\kappa_k(X) + b & (k=1) \\ a^k\kappa_k(X) & (k>1) \end{cases} \tag{4.26}$$

由上述分析可知, 根据半不变量的定义和半不变量常用的几个重要性质, 在求解随机变量的概率分布函数时, 可以利用半不变量法把复杂的卷积运算转换成各阶半不变量之间的代数运算, 在运算过程中可以带来很大的便利。

2. 电压稳定裕度的计算方法

考虑到微电网网络参数、节点注入功率以及控制策略引起的静态电压稳定裕度的随机变化, 可以将连续潮流方程描述为

$$\boldsymbol{F}(\boldsymbol{x}, \lambda, \boldsymbol{y}, \boldsymbol{w}, \boldsymbol{p}) = 0 \tag{4.27}$$

式中: $\boldsymbol{x}$ 表示潮流方程中的各种状态变量, λ 表示负荷增长因子, $\boldsymbol{y}$ 表示网络参数, $\boldsymbol{w}$ 为系统节点注入功率参数变量, $\boldsymbol{p}$ 为控制变量。

　　按传统的连续潮流分析方法，计算得出的电压稳定裕度 λ 是一个确定的数值。在考虑微电网中风光电源的随机性后，其电压稳定裕度则是服从某一分布规律的随机变量。

　　在连续潮流计算至临界点时将连续潮流方程式（4.27）线性化得

$$\frac{\partial \boldsymbol{F}}{\partial \boldsymbol{x}_*}\Delta \boldsymbol{x} + \frac{\partial \boldsymbol{F}}{\partial \lambda_*}\Delta \lambda + \frac{\partial \boldsymbol{F}}{\partial \boldsymbol{y}_*}\Delta \boldsymbol{y} + \frac{\partial \boldsymbol{F}}{\partial \boldsymbol{w}_*}\Delta \boldsymbol{w} + \frac{\partial \boldsymbol{F}}{\partial \boldsymbol{p}_*}\Delta \boldsymbol{p} = 0 \tag{4.28}$$

式中：下标的 $*$ 指在临界点的取值。

　　在临界点处，常规潮流方程对应的雅可比矩阵奇异；因此，用零特征根对应的非零左特征向量 ω 左乘式（4.28），即

$$\omega\left(\frac{\partial \boldsymbol{F}}{\partial \boldsymbol{x}_*}\Delta \boldsymbol{x} + \frac{\partial \boldsymbol{F}}{\partial \lambda_*}\Delta \lambda + \frac{\partial \boldsymbol{F}}{\partial \boldsymbol{y}_*}\Delta \boldsymbol{y} + \frac{\partial \boldsymbol{F}}{\partial \boldsymbol{w}_*}\Delta \boldsymbol{w} + \frac{\partial \boldsymbol{F}}{\partial \boldsymbol{p}_*}\Delta \boldsymbol{p}\right) = 0 \tag{4.29}$$

　　由此，则可得到在崩溃点的一个领域内，临界点变化量 $\Delta \lambda$ 的矩阵形式表达式为：

$$\Delta \lambda = \left(-\omega / \omega \frac{\partial \boldsymbol{F}}{\partial \lambda_*}\right)\left(\frac{\partial \boldsymbol{F}}{\partial \boldsymbol{y}_*}\Delta \boldsymbol{y} + \frac{\partial \boldsymbol{F}}{\partial \boldsymbol{w}_*}\Delta \boldsymbol{w} + \frac{\partial \boldsymbol{F}}{\partial \boldsymbol{p}_*}\Delta \boldsymbol{p}\right) \tag{4.30}$$

　　上式可简写为

$$\Delta \lambda = \boldsymbol{T}\Delta \boldsymbol{Z} \tag{4.31}$$

式中：

$$\boldsymbol{T} = \left(-\omega / \omega \frac{\partial \boldsymbol{F}}{\partial \lambda_*}\right)\left[\frac{\partial \boldsymbol{F}}{\partial \boldsymbol{y}_*} + \frac{\partial \boldsymbol{F}}{\partial \boldsymbol{w}_*} + \frac{\partial \boldsymbol{F}}{\partial \boldsymbol{p}_*}\right] \tag{4.32}$$

$$\Delta \boldsymbol{Z} = \begin{bmatrix} \Delta \boldsymbol{y} & \Delta \boldsymbol{w} & \Delta \boldsymbol{p} \end{bmatrix}^{\mathrm{T}} \tag{4.33}$$

　　式（4.31）表明，只要已知随机变量 $\boldsymbol{y}$、$\boldsymbol{w}$ 和 $\boldsymbol{p}$ 的概率分布，通过卷积运算或者半不变量法即可求出临界点变化量 $\Delta \lambda$ 的概率分布，其中运用半不变量法通过计算待求随机变量的矩，后求取其半不变量，利用级数展开方法即可近似求得概率分布，其计算效率高，已被广泛应用。根据独立随机变量的半不变量运算具有可加性和齐次性，得出满足临界点概率分布特征的第 k 阶半不变量求取方法为

$$\Delta \lambda^{(k)} = \boldsymbol{T}^k \Delta \boldsymbol{Z}^{(k)} \tag{4.34}$$

式中：$\boldsymbol{T}^k$ 表示矩阵 $\boldsymbol{T}$ 中各个元素的 k 次幂所构成的矩阵。

　　当注入随机变量之间存在相关性，且已知相关系数矩阵时，利用正交变换将若干具有相关性随机向量 $\boldsymbol{Z}$ 变换成互不相关随机变量 $\boldsymbol{Z}'$ 间的线性组合：

$$\boldsymbol{Z} = \boldsymbol{L}\boldsymbol{Z}' \tag{4.35}$$

式中：$\boldsymbol{Z}$ 为相关性随机变量的协方差矩阵 $\boldsymbol{R}_z$ 经 Cholesky 因子分解得到其下三角矩阵。当随机向量 $\boldsymbol{Z}$ 服从正态分布时，在对协方差矩阵 $\boldsymbol{R}_z$ 经过基于 Cholesky 分解的线性变换方法而得到的随机向量 $\boldsymbol{Z}'$，其分布规律不发生改变；当随机向量 $\boldsymbol{Z}$ 是由服从任意分布的随机变量组成时，通过上述变换方法而得到 $\boldsymbol{Z}'$，其分布规律可能发生变化，但由式（4.36）可知，$\boldsymbol{Z}'$ 中各随机变量互不相关。

$$\begin{aligned} \boldsymbol{R}_{z'} &= \rho\left(\boldsymbol{Z}', \boldsymbol{Z}'^{\mathrm{T}}\right) = \rho\left[\boldsymbol{L}^{-1}\boldsymbol{Z}, \boldsymbol{Z}^{\mathrm{T}}\left(\boldsymbol{L}^{-1}\right)^{\mathrm{T}}\right] = \boldsymbol{L}^{-1}\rho\left(\boldsymbol{Z}, \boldsymbol{Z}^{\mathrm{T}}\right)\left(\boldsymbol{L}^{-1}\right)^{\mathrm{T}} \\ &= \boldsymbol{L}^{-1}\boldsymbol{R}_z\left(\boldsymbol{L}^{-1}\right)^{\mathrm{T}} = \boldsymbol{L}^{-1}\boldsymbol{L}\boldsymbol{L}^{\mathrm{T}}\left(\boldsymbol{L}^{-1}\right)^{\mathrm{T}} = \boldsymbol{I} \end{aligned} \tag{4.36}$$

式中：ρ 为相关系数。

因此，可将静态电压稳定临界点变化量的第 k 阶半不变量表达式修改为

$$\Delta\boldsymbol{\lambda}^{(k)} = (\boldsymbol{TL})^k \Delta\boldsymbol{Z}'^{(k)} = \boldsymbol{T}'^k \Delta\boldsymbol{Z}'^{(k)} \tag{4.37}$$

式（4.34）和（4.37）表明临界点变化量 $\Delta\boldsymbol{\lambda}$ 是由随机参数 $\boldsymbol{y}$、$\boldsymbol{w}$ 和 $\boldsymbol{p}$ 的变化引起的，只要已知随机参数的概率分布特征和临界点处雅可比矩阵对应的非零左特征向量 $\boldsymbol{\omega}$，先利用半不变量法由式（4.34）求得含系统随机性情形下临界点概率分布的各阶半不变量，或者由式（4.37）进一步考虑随机变量具有相关性特征情形下，其临界点概率分布的各阶半不变量也可简易求得，在此基础上，由 Gram-Charlier 级数或者 Cornish-Fisher 级数展开方法即可近似得出临界点 λ_* 的概率分布函数，进而得到微电网静态电压稳定裕度的分布范围及其某一临界点对应的概率值。

3. 电压稳定裕度概率评估算法步骤

（1）将风电机组、光伏电池和负荷作为注入随机变量，判断随机变量之间是否具有相关性，如果随机变量之间相互独立且概率分布已知，则根据其各自的概率密度函数求取随机变量的各阶矩，否则由注入随机变量的历史数据求得。如果随机变量之间具有相关性，则根据基于 Nataf 逆变换的 MC 模拟方法求取其各阶矩，进而根据式（4.23）计算其各阶半不变量。

（2）运行在注入随机变量概率分布为期望值处的确定性连续潮流程序，计算得到在临界点期望值处的扩展雅可比矩阵和电压稳定临界点的期望值，并求取其零特征根对应的非零左特征向量 $\boldsymbol{\omega}$。

（3）由步骤（1）判断是否具有相关性和计算得到注入随机变量的各阶半不变量数据的基础上，如果注入随机变量之间相互独立，则利用半不变量的性质和式（4.34）计算满足电压稳定临界点概率分布的各阶半不变量，若随机变量之间具有相关性，则根据式（4.37），计算其阶半不变量。

（4）根据步骤（3）求得的电压稳定临界点概率分布的各阶半不变量，利用 Gram-Charlier 级数展开，求得其概率分布函数并画出其累积概率分布图。

4.3　非线性规划法

计算微电网静态电压稳定裕度的另一种方法就是采用非线性规划法。该方法建立非线性规划模型，通过一定方法将其中的稳定概率评估问题转化为确定性的非线性规划问题，再对模型进行求解来获得静态电压稳定裕度。下面首先介绍建立的非线性规划模型。

4.3.1　非线性规划模型

1. 目标函数

最大负荷裕度可以给出系统当前运行点距离电压崩溃临界点的距离，是评估系统静态电压稳定的最有效指标。因此，通常将最大负荷裕度作为目标函数：

$$\min \quad -\lambda \tag{4.38}$$

2. 约束条件

（1）潮流等式约束

下垂控制型 DG 组网的孤岛微电网的潮流等式约束可见式（4.1）、式（4.2）和式（4.3）。

（2）下垂控制 DG 功率约束

对接入节点 i 的下垂控制型 DG，除了需要满足下垂控制特性外，还需要满足容量限制不等式约束：

$$S_{\text{Droop}i}^{\min} \leqslant \sqrt{P_{\text{Droop}i}^2 + Q_{\text{Droop}i}^2} \leqslant S_{\text{Droop}i}^{\max} \tag{4.39}$$

式中：$S_{\text{Droop}i}^{\min}$ 和 $S_{\text{Droop}i}^{\max}$ 分别为下垂控制型 DG 的容量上、下限值。

（3）系统安全运行不等式约束

为保证系统正常运行，需满足节点电压安全限制约束和支路功率安全约束。另外系统频率也是变量之一，优化过程中也需要考虑其安全约束。

$$\begin{cases} U_i^{\min} \leqslant U_i \leqslant U_i^{\max} \\ 0 \leqslant I_{ij} \leqslant I_{ij}^{\max} \\ \omega^{\min} \leqslant \omega \leqslant \omega^{\max} \end{cases} \tag{4.40}$$

式中：$U_i^{\max}$ 和 $U_i^{\min}$ 分别为节点电压幅值上、下限；$I_{ij}^{\max}$ 为支路 ij 的最大允许电流；$\omega^{\max}$ 和 $\omega^{\min}$ 分别为系统角频率的上、下限；I_{ij} 为支路的电流幅值。

至此，非线性规划模型已经建立完毕，但此模型中存在随机变量，无法直接进行求解，仍然需要把随机性问题转化为确定性问题。下面将介绍两种将随机性非线性规划模型转化为确定性问题的方法。

4.3.2　基于随机响应面法的电压稳定裕度计算

1. 随机响应面法

随机响应面法（Stochastic Response Surface Method，SRSM）是学者艾苏卡帕里在研究生物和环境系统随机性问题时提出的一种概率分析方法，其基本原理是在已知输入随机变量概率分布的基础上，将输出响应表达为关于已知参数的混沌多项式，通过少量采样确定多项式中的待定系数，进而得到所估计的输出响应的概率分布。随机响应面法本质上与蒙特卡洛法方法一样，属于模拟类方法，保持着模拟类方法可并行的计算优势，但其所需采样点比蒙特卡洛法更少。

随机响应面法的主要步骤可概括为：1）输入标准化，将相互独立的输入随机变量用一组标准随机变量的函数关系表示；2）输出标准化，将待求输出响应用标准随机变量为自变量的 Hermite 混沌多项式表示；3）模型计算，选择适当的采样点，进行样本点的模型计算，确定混沌多项式的待定系数，得到输出响应的概率分布。

随机响应面法进行不确定分析的详细计算流程如图4-1所示。

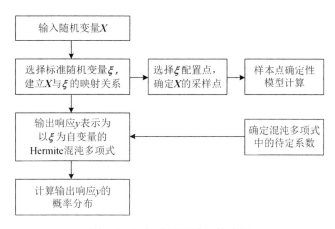

图 4-1　随机响应面法计算流程

对于任意模型 $\boldsymbol{F}$，输出响应 $\boldsymbol{y}$ 与 n 维随机输入变量 $\boldsymbol{X} = [x_1, x_2, \cdots, x_n]^{\mathrm{T}}$ 映射关系可表示为

$$\boldsymbol{y} = \boldsymbol{F}(\boldsymbol{X}) = \boldsymbol{F}(x_1, x_2, \cdots, x_n) \tag{4.41}$$

首先，将输入随机变量 $\boldsymbol{X}$ 标准化，通常选择标准正态分布作为标准随机变量，建立 $\boldsymbol{X}$ 与标准随机变量的映射关系：

$$\boldsymbol{X} = \boldsymbol{f}^{-1}(\phi(\boldsymbol{\xi})) \tag{4.42}$$

式中：$\boldsymbol{\xi} = [\xi_1, \xi_2, \cdots, \xi_n]$，为 n 维标准正态分布随机变量；$\boldsymbol{f}^{-1}(.)$ 为 $\boldsymbol{X}$ 的累积概率分布函数的反函数；$\phi(.)$ 为标准正态分布的累积概率分布函数。

其次，将输出响应 $\boldsymbol{y}$ 表达为以 $\boldsymbol{\xi}$ 为自变量的 Hermite 混沌多项式：

$$\begin{aligned}
\boldsymbol{y} = {} & a_0 + \sum_{i_1=1}^{n} a_{i1} H_1(\xi_1) + \sum_{i_1=1}^{n} \sum_{i_2=2}^{i_1} a_{i1i2} H_2(\xi_1, \xi_2) + \sum_{i_1=1}^{n} \sum_{i_2=2}^{i_1} \sum_{i_3=3}^{i_2} a_{i1i2i3} H_3(\xi_1, \xi_2, \xi_3) \\
& + \sum_{i_1=1}^{n} \sum_{i_2=2}^{i_1} \sum_{i_3=3}^{i_2} \sum_{i_4=4}^{i_3} a_{i1i2i3i4} H_4(\xi_1, \xi_2, \xi_3, \xi_4) + \cdots
\end{aligned} \tag{4.43}$$

式中：$a_0, a_{i1}, \cdots$ 为待确定的多项式系数，是常数项；$H_m(\xi_{i1}, \xi_{i2}, \cdots)$ 为 $\boldsymbol{\xi}$ 的 m 阶 Hermite 多项式，其计算公式为

$$H_n(\xi_1, \xi_2, \cdots) = (-1)^n e^{\frac{1}{2}\boldsymbol{\xi}^{\mathrm{T}}\boldsymbol{\xi}} \frac{\partial^n}{\partial \xi_1 \partial \xi_2 \cdots \partial \xi_n} e^{\frac{1}{2}\boldsymbol{\xi}^{\mathrm{T}}\boldsymbol{\xi}} \tag{4.44}$$

混沌多项式（4.43）中待确定的多项式系数个数为

$$N = \frac{(m+n)!}{m!n!} \tag{4.45}$$

Hermite 多项式阶数越高、m 越大时，混沌多项式（4.43）对输出响应 $\boldsymbol{y}$ 模拟的精度越高，但同时待定系数的个数 N 也越大。大量实测表明，当 $m \geqslant 3$ 时，增加阶数 m 对提高精度的影响已不明显，一般采用 2 阶或 3 阶的 Hermite 混沌多项式，本节采用 2 阶混沌多项式：

$$\boldsymbol{y} = a_0 + \sum_{i=1}^{n} a_{i1} \xi_1 + \sum_{i=1}^{n} a_{ii}(\xi_i^2 - 1) + \sum_{i=1}^{n-1} \sum_{j>i}^{n} a_{ij} \xi_i \xi_j \tag{4.46}$$

最后，选择适当的采样点进行各样本的模型计算，确定式（4.43）的待定系数。采样点的选取有改进的概率配点法（Efficient Collocation Method，ECM）和回归分析法（Regression Analysis

Method，RAM）2 种方法。

ECM 的采样选取原则是：最高阶为 m 阶的混沌多项式待定系数的确定，可选取 0 和 $m+1$ 阶 Hermite 多项式的根作为采样点，即每个样本点的各个标准随机变量 ξ_i 都取 0 或 $m+1$ 阶 Hermite 多项式的根。对于 2 阶、3 阶混沌多项式，一维 3 阶和 4 阶 Hermite 多项式方程分别为 $\xi_i^3 - 3\xi_i = 0$ 和 $\xi_i^4 - 6\xi_i^2 + 3 = 0$，其根分别为 $-\sqrt{3}$、0、$\sqrt{3}$ 和 $-\sqrt{3+\sqrt{6}}$、$-\sqrt{3-\sqrt{6}}$、$\sqrt{3-\sqrt{6}}$、$\sqrt{3+\sqrt{6}}$。同时选取采样点尽量靠近原点，关于原点对称布置采样点。混沌多项式（4.43）有 N 个待定系数，需选取 N 个采样点。根据 ξ 采样点取值，确定随机输入变量 X 的样本，计算各样本模型 F，得到各样本输出响应值，求解 N 阶线性方程组，即可确定式（4.43）的待定系数。

若有 2 个标准随机输入变量 ξ_1、ξ_2，2 阶混沌多项式的待定系数为 $a = [a_0, a_1, a_2, a_{11}, a_{22}, a_{12}]^{\mathrm{T}}$，待定系数个数 $N = 6$。为确定其待定系数，选取 M 个采样点 $(\xi_{1,1}, \xi_{2,1})$、$(\xi_{1,2}, \xi_{2,2})$、$\cdots$、$(\xi_{1,M}, \xi_{2,M})$，各样本点输出响应 $Y = [y_1, y_2, \cdots, y_M]^{\mathrm{T}}$。所需求解的线性方程为

$$Aa = Y \tag{4.47}$$

$$A = \begin{bmatrix} 1 & \xi_{1,1} & \xi_{2,1} & \xi_{1,1}^2 - 1 & \xi_{2,1}^2 - 1 & \xi_{1,1}\xi_{2,1} \\ 1 & \xi_{1,2} & \xi_{2,2} & \xi_{1,2}^2 - 1 & \xi_{2,2}^2 - 1 & \xi_{1,2}\xi_{2,2} \\ \vdots & \vdots & \vdots & \vdots & \vdots & \vdots \\ 1 & \xi_{1,M} & \xi_{2,M} & \xi_{1,M}^2 - 1 & \xi_{2,M}^2 - 1 & \xi_{1,M}\xi_{2,M} \end{bmatrix} \tag{4.48}$$

式中：按 ECM 的采样方式，样本数 $M = N = 6$；Y 为 6 维的列向量，A 为 6×6 的矩阵。

ECM 方法任何一个采样点的改变，都将影响 Hermite 多项式的待定系数的确定，影响最终输出响应的评估。RAM 方法在样本点选取上与 ECM 方法相同，但采样点数是待定系数个数的 2 倍，可以削弱每个样本点对于输出响应的影响，具有比 ECM 更高的计算精度。RAM 所需求解的是 $2N$ 个方程、N 个未知量的线性方程组，可采用最小二乘方法求解：

$$A^{\mathrm{T}}Aa = A^{\mathrm{T}}Y \tag{4.49}$$

式中：按 RAM 采样方式，样本数 $M = 2N = 12$；Y 为 12 维的列向量，A 为 12×6 的矩阵。

若随机变量之间存在相关性，可参照前文半不变量法中介绍的随机变量相关性处理方法进行处理。

2. 基于随机响应面法的微电网电压稳定概率评估步骤

（1）将风电机组、光伏电池和负荷作为注入随机变量，判断随机变量之间是否具有相关性，若随机变量 X 之间具有相关性，则通过正交变换将其转换为不相关的随机变量 Z，并将 Z 用标准随机变量 ξ 表示。

（2）将最大负荷裕度表达为以 ξ 为自变量的 2 阶 Hermite 混沌多项式（4.46）。

（3）按 ECM 或 RAM 原则选择 ξ 的采样点，先确定 Z 的样本点，然后通过 $X = B^{-1}Z$ 变换得到 X 样本点。

（4）根据各样本的风速、光照和负荷方向，计算各样本的临界功率或者负荷裕度，即应用现代内点方法求解样本点的非线性规划模型。

（5）求解线性方程组式（4.47）或（4.49），计算出 2 阶混沌多项式（4.46）的待定系数，根据最大负荷裕度的混沌多项式（4.46），确定其概率分布。

4.3.3　基于无迹变换法的电压稳定裕度计算

无迹变换技术是英国学者朱丽叶提出的一种计算随机变量通过非线性系统时产生的输出随机变量的概率特征的方法,已被应用于电力系统可用传输能力计算、电力系统概率潮流、最优概率潮流和无功优化调度等方面。无迹变换技术进行随机概率问题分析时,仅需随机变量的均值和协方差矩阵信息,无须已知其概率分布函数,且可方便计及相关性。

1. 无迹变换技术

(1)无迹变换法的原理

无迹变换法的提出是基于如下先验知识:对任意非线性函数,近似其概率分布比近似该函数更容易。无迹变换法的基本思路是:已知输入随机变量 x 的期望 μ_x 和协方差矩阵 C_{xx},按照一定的规则,在样本空间中取若干点组成样本点集(Sigma 点集),然后对 Sigma 点集中的各点分别进行非线性变换 $y = f(x)$,对变换得到的点集进行加权处理,得到 y 的期望 μ_y 和协方差矩阵 C_{yy}。设系统输入随机变量有 m 个,则 x 为 m 维随机变量,μ_x 为 m 维列向量,C_{xx} 为 m 阶方阵。

无迹变换法的一般求解步骤:

1)选择某种采样策略,根据输入变量 x 的均值 μ_x、协方差矩阵 C_{xx},求得 x 的 Sigma 采样点集 $\{\chi_i\}$,$i = 1,2,\cdots,M$,其中 M 为样本点数。为保证无偏估计,Sigma 采样点的权重系数 W_i 需满足:

$$\sum_{i=1}^{M} W_i = 1 \tag{4.50}$$

2)对采样得到的 Sigma 点集 $\{\chi_i\}$ 中的每个采样状态进行 $f(.)$ 非线性变换,得到变换后的输出变量的 Sigma 点集 $\{y_i\}$:

$$y_i = f(\chi_i), \qquad i = 1,2,\cdots,M \tag{4.51}$$

需要强调的是,无迹变换技术中,非线性变换 $f(.)$ 被看作一个黑盒,无须进行任何线性化或其他近似处理。

3)根据各 Sigma 样本点的权值 W_i,确定均值权值系数 W_i^m,以及协方差权值系数 W_i^c。对变换得到的 Sigma 点集 y_i 进行加权处理,则可得所求输出随机变量 y 的均值 μ_y 和协方差矩阵 C_{yy}。

$$\mu_y = \sum_{i=1}^{M} W_i^m y_i \tag{4.52}$$

$$C_{yy} = \sum_{i=1}^{M} W_i^c (y_i - \mu_y)(y_i - \mu_y)^{\mathrm{T}} \tag{4.53}$$

由以上步骤可知,无迹变换法具有原理简单、便于实现的优点,且当输入随机变量 x 间具有相关性时,无须进行特殊处理,因此便于处理随机变量的具有相关性的问题。

(2)无迹变换法的采样策略

无迹变换法的核心在于如何准确确定足以涵盖输入随机变量的概率分布函数信息的 Sigma 样本点。常用的取样策略有对称采样、最小偏度单形采样、超球体单形采样等。相对后两种采样策略,对称采样的采样性能最好,得到的概率分析结果精度最高。因此本节采用对称采样策略。

若要得到输出随机变量的高阶特征参数，则需要较为准确地估计三阶矩和四阶矩等信息，此时可采用高阶采样策略，通过增加采样点数实现，但会很大程度上降低求解效率。考虑到衡量静态电压稳定性的稳定裕度指标，主要关注的是其均值和标准差，为提高计算效率，在此不采用高阶采样策略。

根据对称采样策略，选择 $M = 2m + 1$ 个 Sigma 样本点：

$$
\begin{cases}
\{\chi_0\} = \boldsymbol{\mu}_x \\
\{\chi_i\} = \boldsymbol{\mu}_x + \sqrt{m/(1 - W_0)}\sqrt{\boldsymbol{C}_{xx}(i)}, & i = 1, 2, \cdots, m \\
\{\chi_{n+i}\} = \boldsymbol{\mu}_x - \sqrt{m/(1 - W_0)}\sqrt{\boldsymbol{C}_{xx}(i)}, & i = 1, 2, \cdots, m
\end{cases}
\tag{4.54}
$$

式中：W_0 为中心样本点权值；$\boldsymbol{C}_{xx}(i)$ 为矩阵 $\boldsymbol{C}_{xx}$ 的第 i 列元素，是 m 维列向量；矩阵 $\sqrt{\boldsymbol{C}_{xx}(i)}$ 可由 Cholesky 分解得到，即令 $\boldsymbol{S}_{xx} = \sqrt{\boldsymbol{C}_{xx}}$，可由 $\boldsymbol{C}_{xx} = \boldsymbol{S}_{xx}\boldsymbol{S}_{xx}^{\mathrm{T}}$ 求出 $\boldsymbol{S}_{xx}$。各采样点对应权值 W_i 分别为

$$
\begin{cases}
W_0 = W_0 \\
W_i = \dfrac{1 - W_0}{2m}, & i = 1, 2, \cdots, m \\
W_{n+i} = \dfrac{1 - W_0}{2m}, & i = 1, 2, \cdots, m
\end{cases}
\tag{4.55}
$$

且对于所有样本点，有均值和协方差的权值：

$$
W_i^{\mathrm{m}} = W_i^{\mathrm{c}} = W_i, \qquad i = 1, 2, \cdots, 2m
\tag{4.56}
$$

可见，各样本点均关于中心点呈对称分布，且权值相等。

从式（4.55）可以看出，样本点到中心点的距离随着输入随机变量维数的增加而增大，对于高维系统，会产生样本点的非局部效应，从而使得非线性变换时高阶项的误差增大。因而本节通过引入比例信息和高阶信息，来减小非局部效应及高阶项误差对结果精度的负面影响。

引入比例参数 α 和高阶信息参数 β 后，Sigma 采样点的计算公式为

$$
\begin{cases}
\{\chi_0\} = \boldsymbol{\mu}_x \\
\{\chi_i\} = \boldsymbol{\mu}_x + \alpha\sqrt{\dfrac{n}{1 - W_0}}\sqrt{\boldsymbol{C}_{xx}(i)}, & i = 1, 2, \cdots, m \\
\{\chi_{n+i}\} = \boldsymbol{\mu}_x - \alpha\sqrt{\dfrac{n}{1 - W_0}}\sqrt{\boldsymbol{C}_{xx}(i)}, & i = 1, 2, \cdots, m
\end{cases}
\tag{4.57}
$$

各 Sigma 点的期望和协方差权值分别为

$$
\begin{cases}
W_0^{\mathrm{m}} = W_0/\alpha^2 + (1 - 1/\alpha^2) \\
W_i^{\mathrm{m}} = \dfrac{1 - W_0}{2n\alpha^2}, & i = 1, 2, \cdots, m \\
W_{n+i}^{\mathrm{m}} = \dfrac{1 - W_0}{2n\alpha^2}, & i = 1, 2, \cdots, m \\
W_0^{\mathrm{c}} = W_0/\alpha^2 + (1 - 1/\alpha^2) + \beta \\
W_i^{\mathrm{c}} = W_i^{\mathrm{m}}, & i = 1, 2, \cdots, m
\end{cases}
\tag{4.58}
$$

2. 基于无迹变换的微电网电压稳定概率评估步骤

应用无迹变换技术求解静态电压稳定性概率评估问题的具体步骤如下：

（1）根据风速、光照强度及负荷功率的概率分布或历史数据，确定输入变量 x 的标准差以及变量之间的相关性系数，求得协方差矩阵 C_{xx}。

（2）选择适当的比例参数 α、高阶参数 β 和中心样本点权值 W_0，采用引入比例及高阶信息的对称采样方法，按式（4.57）确定 M 个 Sigma 样本点，按式（4.58）计算各样本点的权值系数 W_i^m 和 W_i^c。

（3）按照式（4.38）~（4.40）建立孤岛微电网静态电压稳定确定性评估的非线性规划模型，对于每个 Sigma 样本点 $\{\chi_i\}$，进行优化求解，得到每个输入样本点对应的输出即负荷裕度的 Sigma 点。

（4）根据步骤（2）中得到的均值和协方差的权值 W_i^m 和 W_i^c，按式（4.52）、式（4.53）对步骤（3）求得的负荷裕度 Sigma 点集 $\{y_i\}$ 进行加权处理，从而得到负荷裕度 λ 的均值和方差及标准差。

4.4　算例分析

本节采用 2.1 节中介绍的连续潮流法来计算一个大型微电网的电压稳定裕度。该大型微电网含有 115 个节点、118 条支路，含 3 个风力机组、2 个光伏电池和 8 个燃气轮机，如图4-2所示。其中把风力机组所在的 71、72、73 节点视为 PQ 节点，光伏电池所在的 49、50 节点视为 PV 节点，风力机组与光伏机组的出力设定值如表4.1所示。燃气轮机所在节点视为下垂控制节点，其具体所在位置及下垂控制参数设定如表4.2所示。在下垂节点空载运行时，取 $\omega_0 = 1.004$，$U_{0i} = 1.06$。负荷模型中，有功、无功功率指数与静态频率特性参数与第 3 章中算例相同。取系统基准容量为 1MVA，基准频率为 50Hz，步长控制系数 $k_1 = 6$，$k_2 = 0.02$。

表 4.1　风力机组与光伏电池出力

节点号	发电机类型	有功出力/MVA	无功出力/MVA
49	光伏电池	0.4	
50	光伏电池	0.35	
71	风力机组	0.4	0.267
72	风力机组	0.6	0.4
73	风力机组	0.65	0.433

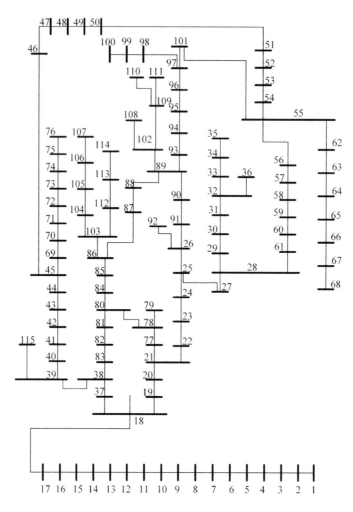

图 4-2　115 节点孤岛微电网

表 4.2　下垂节点控制系数

下垂节点编号	m	n
10	0.0025	0.23
34	0.002	0.167
46	0.003	0.122
55	0.0015	0.125
65	0.0035	0.182
81	0.0045	0.3
90	0.0033	0.25
103	0.0023	0.2

4.4.1　*P-V* 曲线

以恒功率因数增大系统中 11、12、47、48 节点的负荷，采用本章中介绍的连续潮流算法计算该系统的静态电压稳定裕度，结果如图4-3所示。

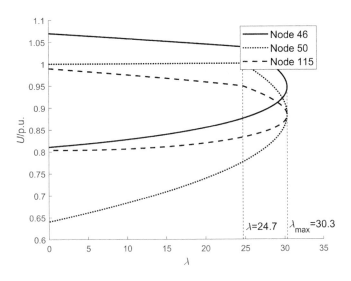

图 4-3　115 节点孤岛微电网 *P-V* 曲线

图4-3中选取的节点 46、50、115 分别为下垂节点、PV 节点与 PQ 节点。图中，初期节点 46 与 115 电压缓慢下降，节点 50 由于是 PV 节点，电压保持稳定。在 $\lambda = 24.7$ 附近节点 50 发生了无功越限，转化为 PQ 节点。由于系统无功不足，三个节点的电压较之前更为迅速下降。最终计算得出的静态电压稳定裕度 $\lambda_{max} = 30.3$。

4.4.2　步长控制效果

在连续潮流算法中设置不同的计算步长，与 2.1 节方法中的自适应步长控制进行对比，对比结果如表4.3所示。

表 4.3　不同步长的连续潮流算法对比

步长值	预测矫正次数	计算时间/s	λ
0.1	在分岔点处不收敛		
0.075	在分岔点处不收敛		
0.05	620	56.52	30.322
0.025	1222	127.15	30.322
0.01	3049	1428.25	30.322
自适应步长控制	414	30.94	30.322

从表4.3中可以看出，当步长大于等于 0.075 时，微电网连续潮流计算出现不收敛的情况；而当步长小于等于 0.05 时，微电网连续潮流计算耗时较长。自适应步长控制可以在保证计算准确

性的同时加快计算效率，在微电网连续潮流计算中具有良好的应用价值。

4.5 总 结

本章对微电网的电压稳定性分析进行了详细的介绍，主要分为连续潮流法和非线性规划法两种进行讲述。在连续潮流法的介绍中，首先介绍了不考虑微电网中随机因素的连续潮流算法，再进一步考虑随机因素，分别介绍了基于两点估计法和半不变量法的连续潮流算法。在非线性规划法的介绍中，首先建立了微电网电压稳定裕度的非线性规划模型，再进一步介绍了基于随机响应面法和无迹变换法的随机性处理方法，这两种方法将不确定量转化为确定量，方便模型的进一步求解。最后，通过一个简单的算例对基本的连续潮流算法进行了验证。

参考文献

1. 张成炬, 蒋铁铮, 马瑞. 含风电场电力系统的静态电压稳定评估 [J]. 电力系统及其自动化学报, 2018, 30(04): 104-108.

2. 万千, 夏成军, 管霖, 吴成辉. 含高渗透率分布式电源的独立微网的稳定性研究综述 [J]. 电网技术, 2019, 43(02): 598-612.

3. 胡丽娟, 刘科研, 盛万兴, 孟晓丽. 含随机出力分布式电源的配电网静态电压稳定快速概率评估方法 [J]. 电网技术, 2014, 38(10): 2766-2771.

4. 潘忠美, 刘健, 侯彤晖. 计及相关性的含下垂控制型及间歇性电源的孤岛微电网电压稳定概率评估 [J]. 中国电机工程学报, 2018, 38(04): 1065-1074+1283.

5. 鲍海波, 韦化. 考虑风电的电压稳定概率评估的随机响应面法 [J]. 中国电机工程学报, 2012, 32(13): 77-85+194.

6. 赵晋泉, 张伯明. 连续潮流及其在电力系统静态稳定分析中的应用 [J]. 电力系统自动化, 2005(11): 91-97.

7. 彭寒梅, 曹一家, 黄小庆, 黄超. 无平衡节点孤岛运行微电网的连续潮流计算 [J]. 中国电机工程学报, 2016, 36(08): 2057-2067.

8. Souza A, Santos M, Castilla M, et al. Voltage security in AC microgrids: a power flow-based approach considering droop-controlled inverters[J]. IET Renewable Power Generation, 2015, 9(8): 954-960.

第5章　微电网小干扰稳定性分析

5.1　概　述

电力系统在运行过程中无时无刻不在遭受一些小的干扰，例如负荷的随机变化及随后的发电机组调节，因风吹引起架空线路线间距离变化从而导致线路等值电抗的变化等。这些现象随时发生，与大干扰不同，小干扰的发生一般不会引起系统结构的变化，小干扰稳定分析研究的是遭受小干扰后电力系统的稳定性。系统在小干扰作用下所产生的振荡如果能够被抑制，以至于在相当长的时间以后，系统状态的偏移足够小，则系统是稳定的；相反，如果振荡的幅值不断增大或无限地维持下去，则系统是不稳定的。由于电力系统运行过程中难以避免小干扰的存在，一个小干扰不稳定的系统在实际中难以正常运行。换言之，正常运行的电力系统首先应该是小干扰稳定的。

参考电气和电子工程师协会（Institute of Electrical and Electronics Engineers，IEEE）对电力系统小干扰稳定性的研究建议：小干扰稳定性是指正常运行的系统在经历微小、瞬时出现但又立即消失的扰动后，恢复到原有运行状态；或者，这种扰动虽不消失，但可用原来的运行状态近似表示新出现运行状态的能力，亦即在经历足够小的扰动后，系统不会出现单调的发散和持续永不消除的振荡。小干扰稳定性仅研究系统平衡点附近的性质和状态。

微电网系统的结构特性、运行特征决定了小干扰事件发生的频度，各类随机的小干扰事件也时刻改变着微电网的运行状况。随着分布式电源渗透率的不断提高，系统规模的扩大与复杂化，微电网运行中的小干扰事件呈现极强的随机性、不确定性，探索微电网在小干扰下的稳定性机理不仅是保证微电网稳定运行的基础，也是充分发挥其潜在优势的必然工作。

5.2　微电网小干扰稳定性分析方法综述

在传统同步发电机组成的电力系统中，小干扰稳定性分析的方法主要有特征值分析法、时域仿真法、李亚普诺夫直接法、扫频分析法、复转矩系数法以及非线性理论分析方法等。传统的小干扰稳定性分析方法也为微电网中小干扰稳定性的研究提供了理论基础和探索方式。

时域仿真法（Time Domain Simulation Method）是通过模拟系统在遭受小干扰后，各状态量随时间的变化情况，反映各机组功角、角速度以及线路传输功率等随时间的摆动。但时域仿真法不易获得不同振荡模式的性质、弱阻尼或系统振荡不稳定的原因，而且也不利于开展系统参数的设计与优化等方面的研究。

能量函数法（Energy Function Method）通过采用李亚普诺夫方法直接评估动态系统稳定性，

可避免直接法的大量计算。系统运行中影响稳定性的因素很多，要考虑选取对电力系统稳定性起关键作用的特征，来构造适当的能量函数计算出状态空间中的能量势阱，得到能量势阱的边界从而估计系统受到小干扰后的稳定域，表明系统当前运行点与系统发生失稳点之间的距离，以此来判断系统的稳定度量。能量函数法在研究系统稳定方面仍处于起步阶段，需要从非线性动态微分方程导出动态系统的能量函数。能量函数的合理选择是运用此方法判断系统稳定域的关键因素，也是一个难点问题。

扫频分析法（Spectrum-analysis Method）是对可控变量（通常是频率）的反复连续变化进行频谱分析的一种方法，可以实现对系统频率稳定度的直接分析，所依据的理论主要是快速傅里叶变换。但该种分析方法不易对系统的稳定裕度、阻尼比等方面进行分析。

复转矩系数法（Complex Torque Coefficient Method）是对系统中某台发电机的相对角度 σ 施加频率为 f 的强制小值振荡 $\Delta\sigma$，从复数域的角度研究参数的变化阻尼曲线等系统小干扰稳定特性的影响。

特征值分析法（Eigen-analysis Method）是目前小干扰稳定性分析中应用最为广泛的一种方法，该方法以李雅普诺夫线性化方法为理论基础，将所研究的系统在运行工作点处线性化，获得线性微分方程组，从状态空间的角度将其描述为一般的线性系统，然后采用线性系统理论求得其状态矩阵的特征值和特征向量，从而给出所研究系统稳定性方面的特征。同时，通过对特征值和特征向量灵敏度的分析，可以开展系统优化设计方面的研究。

考虑到微电网中并网单元种类的复杂性、并网方式的多样性，以及微电网小干扰稳定性提高的进一步需求，微电网小干扰稳定性分析通常采用特征值分析法，从系统特征值和特征向量的角度对微电网进行分析，并能进一步给出微电网小干扰稳定性改善的措施。这些均是上述其他分析方法无法实现的，是特征值分析法的优势。

5.2.1　特征值分析法

特征值分析法的基本思路是：将描述动态系统行为的非线性方程在稳定运行点处线性化，得到线性化方程的状态矩阵 $\boldsymbol{A}$。

（1）计算给定的稳定运行点处各变量的稳态值；

（2）将描述系统行为的非线性微分方程在稳定运行点处线性化，得到系统的线性化微分方程；

（3）求出系统线性化微分方程的状态矩阵及其特征值，由特征值分析系统受到扰动后能否保持稳定。

1. 状态空间表示

状态的概念是状态空间表示法的基础。一个系统的状态代表了它在任意时刻 t_0 的最少信息，这使得在没有 t_0 之前的输入量的条件下，其未来的行为也可以确定下来。

任意选定一组 n 个线性独立的变量都可以描述系统的状态，称之为状态变量。状态变量是形成动态变量的最小集合，并可与输入量一起对系统的行为提供完整描述。由状态变量可以得到其他的系统变量。系统中的各种物理量，如电流、电压、角度或与描述系统行为的微分方程相关的数学变量都可以作为系统的状态变量。状态变量的选取并不是唯一的，也就是说表示系统状态信息的方式可以有多种，但任何时间系统的状态却是唯一的。我们可以根据需要选择其中任意一组状态变量，它们提供的系统信息都是相同的。

系统的状态可以在一个 n 维的欧几里得空间，称为状态空间上表示。当选取不同的状态变量描述系统时，实质上是选择不同的坐标系。

像电力系统这样的动态系统，其行为可以用如下一组 n 个一阶非线性常微分方程描述：

$$\dot{x}_i = f_i(x_1, x_2, \cdots, x_n; u_1, u_2, \cdots, u_r; t) \tag{5.1}$$

式中：n 为系统的阶数，r 为系统输入量的个数。

$$\dot{\boldsymbol{x}} = \boldsymbol{f}(\boldsymbol{x}, \boldsymbol{u}, t) \tag{5.2}$$

式（5.2）是利用矢量矩阵符号将式（5.1）改写后的形式，式中：

$$\boldsymbol{x} = \begin{bmatrix} x_1 \\ x_2 \\ \vdots \\ x_n \end{bmatrix} \quad \boldsymbol{u} = \begin{bmatrix} u_1 \\ u_2 \\ \vdots \\ u_r \end{bmatrix} \quad \boldsymbol{f} = \begin{bmatrix} f_1 \\ f_2 \\ \vdots \\ f_n \end{bmatrix}$$

向量 $\boldsymbol{x}$ 为状态向量，它的每个元素为状态变量；向量 $\boldsymbol{u}$ 为系统的输入向量，是影响系统行为的外部信号；t 表示时间，状态变量对时间的导数用微分 $\dot{\boldsymbol{x}}$ 来表示。若系统状态变量的导数并不是时间的显函数，则称其为自治系统。此时，上式可简化为

$$\dot{\boldsymbol{x}} = \boldsymbol{f}(\boldsymbol{x}, \boldsymbol{u}) \tag{5.3}$$

通常情况下，我们对输出变量比较感兴趣，因其在系统中可以观察到。输出变量可用状态变量及输入变量表示成如下形式：

$$\boldsymbol{y} = \boldsymbol{g}(\boldsymbol{x}, \boldsymbol{u}) \tag{5.4}$$

式中：

$$\boldsymbol{y} = \begin{bmatrix} y_1 \\ y_2 \\ \vdots \\ y_m \end{bmatrix} \quad \boldsymbol{g} = \begin{bmatrix} g_1 \\ g_2 \\ \vdots \\ g_m \end{bmatrix}$$

向量 $\boldsymbol{y}$ 为输出向量，向量 $\boldsymbol{g}$ 是将状态变量、输入变量与输出变量联系起来的非线性函数向量。

为方便分析，我们将电力系统的动力学行为用如下微分方程-代数方程描述（$\boldsymbol{y} = 0$）：

$$\begin{cases} \dot{\boldsymbol{x}} = \boldsymbol{f}(\boldsymbol{x}, \boldsymbol{u}) \\ 0 = \boldsymbol{g}(\boldsymbol{x}, \boldsymbol{u}) \end{cases} \tag{5.5}$$

2. 方程线性化

平衡点是指当系统的所有微分 $\dot{x}_1, \dot{x}_1, \cdots, \dot{x}_n$ 同时为零的点，定义了轨迹上速度为 0 的点。此时，所有变量都是恒定的且不随时间变化，因而系统处于静止状态。平衡点必须满足方程

$$f(\boldsymbol{x_0})=0 \tag{5.6}$$

式中：$\boldsymbol{x_0}$ 为状态向量 $\boldsymbol{x}$ 在平衡点处的值。

如果式（5.3）中的函数 $f_i(i=1,2,\cdots,n)$ 是线性的，那么系统是线性的。一个线性系统只有一个平衡点（若系统矩阵是非奇异矩阵），而非线性系统则可能存在多个平衡点。

在小信号稳定性分析中，通常认为电力系统因小的负荷变化或发电变化而产生的扰动足够小，可以将系统的非线性微分方程在初始稳定运行点处进行线性化，得到近似的线性状态方程。对于公式 $\dot{\boldsymbol{x}}=\boldsymbol{f}(\boldsymbol{x},\boldsymbol{u})$，令 $\boldsymbol{x_0}$ 代表稳定运行时的状态向量，$\boldsymbol{u_0}$ 对应于稳定运行时的输入向量，那么 $\boldsymbol{x_0}$ 和 $\boldsymbol{u_0}$ 满足公式，因此有

$$\dot{\boldsymbol{x}}=\boldsymbol{f}(\boldsymbol{x_0},\boldsymbol{u_0})=0 \tag{5.7}$$

如果对系统的上述状态施加一个小干扰，则有

$$\boldsymbol{x}=x_0+\Delta\boldsymbol{x},\boldsymbol{u}=u_0+\Delta\boldsymbol{u} \tag{5.8}$$

式中：$\Delta\boldsymbol{x}$ 和 $\Delta\boldsymbol{u}$ 表示状态向量和输入向量的小偏差。

新状态也必须满足式（5.3），因此

$$\dot{\boldsymbol{x}}=\dot{\boldsymbol{x_0}}+\Delta\dot{\boldsymbol{x}}=\boldsymbol{f}[(x_0+\Delta\boldsymbol{x}),(u_0+\Delta\boldsymbol{u})] \tag{5.9}$$

由于假定所加扰动较小，非线性函数 $\boldsymbol{f}(\boldsymbol{x},\boldsymbol{u})$ 可用泰勒级数展开来表示。当忽略 $\Delta\boldsymbol{x}$ 和 $\Delta\boldsymbol{u}$ 的二阶和二阶以上的高阶项时，可得

$$\dot{x}_i=\dot{x}_{i0}+\Delta\dot{x}_i=f_i[(x_0+\Delta\boldsymbol{x}),(u_0+\Delta\boldsymbol{u})]$$

$$=f_i(x_0,u_0)+\frac{\partial f_i}{\partial x_1}\Delta x_1+\cdots+\frac{\partial f_i}{\partial x_n}\Delta x_n+\frac{\partial f_i}{\partial u_1}\Delta u_1+\cdots+\frac{\partial f_i}{\partial u_r}\Delta u_r \tag{5.10}$$

即

$$\Delta\dot{x}_i=\frac{\partial f_i}{\partial x_1}\Delta x_1+\cdots+\frac{\partial f_i}{\partial x_n}\Delta x_n+\frac{\partial f_i}{\partial u_1}\Delta u_1+\cdots+\frac{\partial f_i}{\partial u_r}\Delta u_r \tag{5.11}$$

式中：$i=1,2,\cdots,n$。

同理有

$$0=\frac{\partial g_j}{\partial x_1}\Delta x_1+\cdots+\frac{\partial g_j}{\partial x_n}\Delta x_n+\frac{\partial g_j}{\partial u_1}\Delta u_1+\cdots+\frac{\partial g_j}{\partial u_r}\Delta u_r \tag{5.12}$$

式中：$j=1,2,\cdots,n$。

因此式（5.3）和式（5.4）的线性化形式为

$$\begin{cases} \Delta\dot{\boldsymbol{x}}=\boldsymbol{A}\Delta\boldsymbol{x}+\boldsymbol{B}\Delta\boldsymbol{u} \\ 0=\boldsymbol{C}\Delta\boldsymbol{x}+\boldsymbol{D}\Delta\boldsymbol{u} \end{cases} \tag{5.13}$$

式中：

$$\boldsymbol{A}=\begin{bmatrix} \frac{\partial f_1}{\partial x_1} & \cdots & \frac{\partial f_1}{\partial x_n} \\ \vdots & \vdots & \vdots \\ \frac{\partial f_n}{\partial x_1} & \cdots & \frac{\partial f_n}{\partial x_n} \end{bmatrix} \quad \boldsymbol{B}=\begin{bmatrix} \frac{\partial f_1}{\partial u_1} & \cdots & \frac{\partial f_1}{\partial u_r} \\ \vdots & \vdots & \vdots \\ \frac{\partial f_n}{\partial u_1} & \cdots & \frac{\partial f_n}{\partial u_r} \end{bmatrix}$$

$$\boldsymbol{C} = \begin{bmatrix} \frac{\partial g_1}{\partial x_1} & \cdots & \frac{\partial g_1}{\partial x_n} \\ \vdots & \vdots & \vdots \\ \frac{\partial g_m}{\partial x_1} & \cdots & \frac{\partial g_m}{\partial x_n} \end{bmatrix} \quad \boldsymbol{D} = \begin{bmatrix} \frac{\partial g_1}{\partial u_1} & \cdots & \frac{\partial g_1}{\partial u_r} \\ \vdots & \vdots & \vdots \\ \frac{\partial g_m}{\partial u_1} & \cdots & \frac{\partial g_m}{\partial u_r} \end{bmatrix}$$

上述偏微分方程是在所分析的小干扰的初始稳定运行点基础上推导得到的。式（5.13）中，$\Delta \boldsymbol{x}$ 是 n 维状态向量，$\Delta \boldsymbol{u}$ 是 r 维输入向量，$\Delta \boldsymbol{y}$ 是 m 维输出向量；$\boldsymbol{A}$ 为 $n \times n$ 阶的状态矩阵；$\boldsymbol{B}$ 为 $n \times r$ 阶的控制或输入矩阵；$\boldsymbol{C}$ 为 $m \times n$ 阶的输出矩阵；$\boldsymbol{D}$ 为 $m \times r$ 阶的前馈矩阵，定义了直接出现于输出中的部分输入。

3. 特征值与稳定性

由式（5.13）消去 $\Delta \boldsymbol{u}$ 可得

$$\dot{x} = \boldsymbol{A}' \Delta \boldsymbol{x} \tag{5.14}$$

式中：$\boldsymbol{A}' = \boldsymbol{A} - \boldsymbol{B}\boldsymbol{D}^{-1}\boldsymbol{C}$。

按照控制系统理论，非线性系统的稳定性通常根据状态向量在状态空间的区域大小划分为如下三种情况：

（1）局部稳定（小干扰稳定）

当系统遭受小干扰后，若仍能回到平衡点周围的小区域内，则说明系统在此平衡点处是局部稳定的。如果随着时间 t 的增加，系统返回初始状态，则称系统在小范围内是渐进稳定的。

局部稳定的定义并不需要系统返回到初始状态，通常感兴趣的实际上是渐进稳定。局部稳定（也即小干扰下的稳定）可以通过将非线性系统的方程在所关注的平衡点处进行线性化来研究。

（2）有限稳定

当系统遭受小干扰后，若其状态保持在一个有限的区域 R 内，则说明系统在区域 R 内是稳定的。假如系统状态从区域 R 内的任何一点出发，仍能回到初始平衡点，则说明系统在区域 R 内是渐进稳定的。

（3）全局稳定（大范围稳定）

如果区域包括整个有限空间，则系统是全局稳定的。根据李雅普诺夫第一法，对于非线性系统，其小信号稳定性是由系统线性化后特征方程的根，即式（5.14）中矩阵 $\boldsymbol{A}'$ 的特征值所确定的：

1）当 $\boldsymbol{A}'$ 的所有特征值的实部均为负时，系统是渐进稳定的。

2）当 $\boldsymbol{A}'$ 的特征值中至少存在一个实部为正时，系统是不稳定的。

3）当 $\boldsymbol{A}'$ 的特征值中至少有一个实部为零，而其他特征值实部均为负时，系统为临界稳定状态。

由此可见，小干扰稳定性分析实际上是研究电力系统的局部特性，即干扰前平衡点的渐近稳定性。显然，应用特征值分析法（李雅普诺夫线性化方法）研究电力系统小干扰稳定性的理论基础是干扰应足够微小。因此我们说这样的干扰为小干扰：当此干扰作用于系统后，暂态过程中系统的状态变量只有很小的变化，线性化系统的渐进稳定性能保证实际非线性系统的某种渐近稳定性。

另外，对一些给定的小干扰不稳或阻尼不足的运行方式，可以通过特征分析方法得到一些控制参数和反映系统稳定性的特征值之间的关系，进而得出提高系统小干扰稳定性的最佳方案。因而进行电力系统的小干扰稳定分析显得尤为重要。

这样，电力系统在某种稳态运行情况下受到小的干扰后，系统的稳定性分析可归结为：

1）计算给定稳态运行情况下各变量的稳态值；

2）将描述系统动态行为的非线性微分-代数方程在稳态值附近线性化，得到线性微分代数方程；

3）求出线性微分-代数方程的状态矩阵 A'，根据其特征值的性质判别系统的稳定性。

4. 微电网与常规电网特征值求解方法的异同

微电网遭受小干扰后的稳定性是由其状态矩阵的特征值所决定的，一般情况下，微电网系统的状态矩阵是实数非对称的。在传统的同步发电机组成的电力系统中，针对实数非对称矩阵已有多种不同的特征值求解方法，如：QR 算法、SMA 法、AESOPS 算法、序贯法、Arnoldi 算法等。这些求解方法也为微电网特征解的计算提供了不同的选择。

在上述求解方法中，QR 算法通过对矩阵进行 QR 分解，求得全部特征值，具有鲁棒性强、收敛速度快等特点；SMA 法通过选择模式求取部分特征值，但仅能求取低频振荡模式和模态，每次迭代只能求得一个特征值，且对初值要求较为严格；AESOPS 算法通过降阶处理后，得到原系统的部分特征值，但降阶缺乏系统化的方法，且对迭代初值比较敏感；序贯法通过对矩阵不断地进行收缩处理求得特征解，但特征值只能按照模值大小逐次求出；Arnoldi 法通过子空间法求解特征值，但求解过程中需要不断对矩阵进行正交化，以保证算法的收敛性。考虑到在一般情况下，微电网系统的状态矩阵维数较低，可以满足 QR 算法中对矩阵维数的要求，因此通常选取 QR 方法获取微电网系统的全部特征解。但微电网状态矩阵中的元素数值差异性一般较大，在进行 QR 迭代时，可能会因舍入误差的原因导致特征值的结果误差过大。由于特征解的误差一般与状态矩阵的欧几里得范数成正比，因此通常采取平衡化的方法将与状态矩阵对应的行和列范数变得相近，在不改变特征解的前提下减小矩阵的范数，从而提高特征解计算的精确性。

5.2.2　阻抗分析法

基于状态空间模型的特征值分析法，因其原理简单，判据严格，在微电网的小干扰稳定性分析中得到广泛的应用。但是，由于微电网中的负荷类型各不相同且精确参数难以获取，尤其是对于高阶系统，难以建立复杂的状态空间模型。此外，当系统的运行参数发生变化或负载投切时，均需要重新建立状态空间模型并对特征根进行分析，这将致使稳定性分析效率低。而阻抗分析法无须知道各子系统的内部参数，仅通过源与负荷之间阻抗匹配关系即可判断系统的稳定性。因此，它非常适合微电网这一复杂系统的小干扰稳定性分析。

在阻抗分析法中，将源系统和各负载子系统都用输入和输出阻抗来表示。由于并网模式下的逆变器本质上相当于一个受控电流源向电网不断馈送电能，从电网公共连接点向分布式电源侧看进去，逆变器可等效于一个电流源并联一个输出阻抗。因此，同样可以利用小干扰特性对闭环系统进行输出阻抗建模与分析。以最简单的单机系统为例，该系统的小干扰特性如图5-1所示。

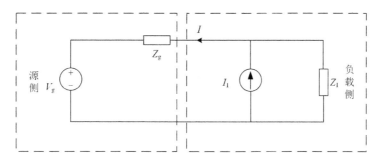

图 5-1　单机系统的小信号特性图

逆变器的输出电流为

$$I(s) = [I_1(s) - V_g(s)/Z_1(s)] * \frac{1}{1 + Z_g(s)/Z_1(s)} \tag{5.15}$$

式中：Z_g 为源输出阻抗；Z_1 为负载输入阻抗。

当电压源和电流源均理想，源系统和负载子系统均稳定且相互独立时，系统的稳定性取决于 $Z_1(s)$ 的零点以及 $Z_g(s)/Z_1(s)$ 是否满足奈奎斯特判据。当 $Z_1(s)$ 没有右半平面零点，并且阻抗比 $|Z_g(s)/Z_1(s)| \ll 1$，可判断互联系统是稳定的。但是由米德尔布鲁克提出的此判据过于保守且在实际应用中很难实现。因此，李等人对此判据进行了改进，提出了改进的阻抗比禁止区：它禁止 $Z_g(s)/Z_1(s)$ 的曲线环绕 $(-1,0)$ 点，同时保证系统具有 6dB 的增益裕量和 60° 的相角裕量。即只要阻抗比 $Z_g(s)/Z_1(s)$ 在所给禁止区域以外，系统可获得一定的稳定裕度。阻抗比禁止区如图5-2所示。

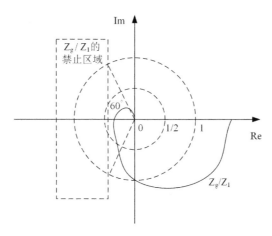

图 5-2　阻抗比禁止区

5.3　微电网概率小干扰稳定性分析

对任意系统，假设该系统线性化微分方程的特征方程的根为 $\lambda = \sigma \pm j\omega$，当系统特征方程只有实部为负的共轭复根时，说明系统稳定，特征值对应的阻尼比为 $\xi = -\sigma/\sqrt{\sigma^2 + \omega^2}$，观察得知，阻尼比 ξ 与特征值实部 σ 互为异号。以阻尼比小于零作为失稳条件，则可以定义小干扰失稳指数（The Index of Small-signal Instability，ISI）为

$$\text{ISI} = \text{Probability}\{\xi < 0\} = \int_{-\infty}^{0} f(\xi)\mathrm{d}\xi \tag{5.16}$$

式中：$f(\xi)$ 为阻尼比 ξ 的概率密度函数。

文献 [1] 指出：只有当阻尼比大于 0.03 时才能保证系统具有足够的低频振荡稳定性，阻尼比小于 0.03 但大于 0 的振荡模式属于弱阻尼振荡模式，虽属于稳定范畴，但仍存在发生低频振荡风险。为了对系统低频振荡概率做出更为完善的评估，定义低频振荡风险评估指标 I_R：

$$I_R = \text{Probability}\{\xi < 0.03\} = \int_{-\infty}^{0.03} f(\xi)\mathrm{d}\xi \tag{5.17}$$

当 $I_R > 0$ 时，系统不稳定。

5.3.1　随机因素分析

随着新能源不断得到开发与利用，电动汽车等新型负荷不断接入，随机性问题逐渐成为重中之重，解决随机性带来的电力系统稳定性问题是国内外学者当前研究的重点。现阶段，按照随机因素的来源区分，大致可以分为以下三种类型：以风电和光伏为主的不确定新能源发电；电动汽车等新型负荷接入电网；网络安全问题，如：网络数据传输安全、黑客或其他人员对网络的入侵等。

1. 间歇性电源带来的不确定因素

风电和光伏作为可再生能源中的典范，已经在全球范围内得到广泛关注。风电出力和光伏出力虽然可以通过预测方法获得，但其具有随机性、波动性、间歇性等不确定性，势必会对电力系统稳定性造成一定影响。随着新能源渗透率的持续提高，进一步深入研究新能源并网对电力系统稳定性的影响，具有非常重要的意义。

2. 电动汽车负荷不确定因素

环境污染日益严重，清洁能源的开发利用成为现阶段主要任务，引入新能源汽车作为燃油汽车的替代品，成为解决此问题的不二选择。当大量电动汽车接入电网充电时，其负荷会产生较强的时空随机性，主要表现为负荷不确定性。

假设用户每日行驶公里数满足对数正态分布，开始充电的时间满足正态分布，每日行驶公里数、开始充电时间的概率密度函数分别为

$$f_a(x) = \frac{1}{x\sigma_a\sqrt{2\pi}}\exp\left[-\frac{(\ln x - \mu_a)^2}{2\sigma_a^2}\right] \tag{5.18}$$

$$f_b(t) = \begin{cases} \dfrac{1}{\sigma_s\sqrt{2\pi}}\exp\left[\dfrac{-(t-\mu_s)^2}{2\sigma_s}\right], \mu_s - 12 < t \leqslant 24 \\ \dfrac{1}{\sigma_s\sqrt{2\pi}}\exp\left[\dfrac{-(t+24-\mu_s)^2}{2\sigma_s}\right], 0 \leqslant t \leqslant \mu_s - 12 \end{cases} \tag{5.19}$$

由上式推导可以得到电动汽车的充电时长及对应的概率密度函数分别为

$$t_{\mathrm{c}} = \frac{x\omega}{1.61\eta p} \tag{5.20}$$

$$f_{\mathrm{c}}(t) = \frac{\omega}{161\eta pt\sigma_{\mathrm{a}}\sqrt{2\pi}} \cdot g \cdot \exp\left[-\frac{\left(\ln\left(\frac{161\eta pt}{\omega}\right) - \mu_{\mathrm{a}}\right)^2}{2\sigma_{\mathrm{a}}^2}\right] \tag{5.21}$$

式中：充电效率 η 为 0.9，常规充电功率期望 $p = 3.5\ \mathrm{kW}$，μ_{a}、σ_{a} 和 μ_{s}、σ_{s} 分别为每日行驶公里数以及开始充电时间的期望和标准差，ω 为每 100km 的耗电量。

负荷不确定性主要会对以下几方面造成影响：1）当电动汽车渗透率逐渐增大，大量负荷接入电网，将改变电网的结构和特性，会造成一定安全隐患，同时若大量电动汽车在高峰时期充电，可能会造成电网过负荷；2）由于电动汽车充电用户存在着空间分布广、时间和行为不确定等特点，这将加大电网的控制难度；3）当大量非线性负荷接入电网时，相关电力电子设备会产生各次谐波，从而影响电网电能质量。

现阶段属于电动汽车发展并不成熟阶段，随着电动汽车渗透率的提升，其相关数据将会变得更为精确，且更为复杂。传统的一些模型主要针对的是确定性系统，而伴随着电动汽车的普及，电动汽车充电时间所带来的不确定性，为未来的电网发展提供了方向，即：由于充电用户具有不可控性，需要对充电负荷概率模型进行更进一步的精确模拟。

3. 网络安全不确定因素分析

随着通信技术的发展，现代电力系统逐渐演变为信息网络与物理网络深度融合的电力信息物理系统（Electric Cyber Physical System，ECPS）。物联网作为媒介，连接着智能电网，包括：发电、输电、变电、配电、调度、用电等环节的方方面面。网络安全等不确定因素会影响电力系统稳定性，例如：2015 年 12 月 23 日，乌克兰电力公司网络受到黑客攻击，造成持续数小时大面积停电；2003 年 8 月 14 日，北美电网由于通信系统失灵造成了"美加 814 大停电"等。

电力系统的网络攻击具有隐蔽性强、潜伏性长等特点，若将每次网络攻击作为基本随机变量，则攻击能力大于防御能力的概率表达式如下：

$$p = \int_y^b g(x)\mathrm{d}x \tag{5.22}$$

式中：$g(x)$ 是每次网络攻击的概率密度函数；b 为攻击值 x 的上限；y 为防御效果值。

目前关于网络安全不确定性的研究工作主要集中在：单一目标受到扰动研究，但实际网络带来的影响具有很强随机性，常常会对多个目标产生干扰，因此有必要改进已有的网络安全评估模式，使其变得更为精确；信息网络与物理电网间强耦合，网络攻击破坏电力系统稳定的概率受较多因素影响，特别是在多种网络攻击混合使用的场景下给出考虑所有影响因素的概率计算方法存在困难，应选择更有代表性影响因素，给出更为完善的概率表达式。

5.3.2　微电网概率小干扰稳定性研究方法

概率小干扰稳定分析方法的核心是根据不确定因素来源的概率分布，来确定系统的关键特征值，从而反映系统的小干扰情况。以风电不确定为例，分析小干扰流程如图5-3所示。

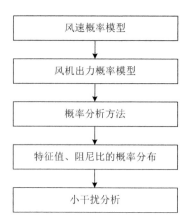

图 5-3　考虑风电的概率小干扰分析的流程

　　微电网概率小干扰常用的分析方法包括蒙特卡洛法、随机响应面法以及概率分配法等，其中随机响应面法上一章已详细介绍，此章不再赘述，主要介绍蒙特卡洛法和概率分配法。

1. 蒙特卡洛法

　　蒙特卡洛法作为一种最为精确的概率分析方法，已经有了数十年的发展史。其分析步骤如下：

　　1）初始化后输入原始数据；

　　2）根据输入变量的概率分布特征生成 x 个样本集；

　　3）对 x 个样本点进行 x 次潮流计算，生成输出变量样本；

　　4）分析输出样本。

　　其核心思想是将一个实际问题转化成为概率模型的参数求解问题，并利用大量的随机抽样获取参数的统计特征从而做出近似估计。并且抽样的样本数越多，其计算结果的精确度越高。

　　关于蒙特卡洛法的研究，已经有了数十年的发展，其特点为原理简单，通用性强，同时精确度高，但面对大量的数据处理时，若使用蒙特卡洛法，将会大大增加计算时长，效率低下。针对蒙特卡洛法存在的缺点，专家学者通常采用随机响应面法、概率分配法等此类计算效率高、计算精确度也较高的方法进行数据处理。

2. 概率分配法

　　假设随机输入 x 与输出响应 Y 之间存在 $Y = f(x)$，则可根据概率分配法建立 PCM 模型 $\tilde{Y} = \tilde{f}(x)$，$\tilde{f}(x)$ 为多项式函数。概率分配法的基础在于正交多项式和高斯正交积分理论，因此接下来将对以上两种原理进行简单介绍。

　　（1）高斯求积公式

　　高斯求积公式可以表示为

$$\int_\alpha f(x)g(x)\mathrm{d}(x) = \sum_{i=0}^{n-1} f_i g(x_i) \tag{5.23}$$

式中：α 是参数 x 的连通的分布区域，$g(x)$ 是一个多项式，$f(x)$ 是非负的权函数，f_i 为权值系数，x_i 为高斯配点。

根据高斯求积公式原理,高斯求积公式成立的条件是以高斯配点 x_i 为零点的多项式 $\omega_{n+1}(x) = (x-x_0)(x-x_1)(x-x_n)$ 需要满足

$$\int_\alpha^b f(x)p(x)\omega_{n+1}(x)\mathrm{d}(x) = 0 \tag{5.24}$$

式中：$p(x)$ 为阶数小于 n 的多项式。

（2）正交多项式理论

若多项式函数族 $h_0(x)h_1(x)h_n(x)$ 存在如下关系：

$$(h_a,h_b) = \int f(x)h_a(x)h_b(x)\mathrm{d}(x) = \begin{cases} 0, & a \neq b \\ \alpha_a > 0, & a = b \end{cases} \tag{5.25}$$

则 $h_b(x)$ 为正交多项式函数族。

结合正交多项式以及高斯求积公式可以得到 x_i 即为正交多项式根值，由此便可以求得 PCM 模型为

$$\tilde{g}(x) = Y_0 h_0 x + Y_1 h_1 x + Y_n h_n x \tag{5.26}$$

式中：$Y_0 Y_n$ 为多项式 $h_0(x)h_n(x)$ 的系数。

PCM 法以其计算效率高，计算结果较为精确等优势，被国内外专家学者广为使用，但 PCM 法需要知道输入变量的分布信息方可使用，而对于仅知道数据样本的输入变量无法使用，同时当 PCM 模型阶数较高时，会引入计算误差，因此需要建立更为精确的高阶 PCM 模型。

3. 三种概率分析方法对比

蒙特卡洛法、随机响应面法和概率分配法有各自的优点及不足，具体比对如表5.1所示。

表 5.1　概率分析方法优缺点对比

概率分析方法	优点	缺点
蒙特卡洛法	精确度高	计算量大 所需时间长 不能用于复杂非线性模型
随机响应面法	精确度高 计算效率较高	适用范围较窄 输入变量需要服从标准正态分布
概率分配法	计算效率高 适用范围广	精确度略微有些不足

5.4　提高微电网小干扰稳定性的措施

在获取微电网的小干扰稳定与否后，如何提高其小干扰稳定性成为研究的关键问题。目前，国内外学者针对微电网小干扰稳定性的改善问题已开展了多方面的研究。从研究内容来看，主要分为三个方面：1）合理优化涉及控制器参数以提高微电网的小干扰稳定性；2）改进下垂控制方式以提高微电网的小干扰稳定性；3）优化设计分层控制策略以提高微电网的小干扰稳定性。

5.4.1 合理优化设计控制器参数

许多研究的结果表明，下垂系数等控制参数的选取对系统小干扰稳定性有着重要影响。文献 [2] 通过对系统状态矩阵的特征值及灵敏度分析，提出了功率下垂控制系数的选择方法以改善系统的小干扰稳定性，并通过仿真结果验证了方法的正确性。文献 [3] 采用粒子群算法分别对孤岛模式下的控制器参数、下垂系数以及并网模式下的 LC 滤波器、控制器参数和阻抗进行了优化，提高了微电网的小干扰稳定性。这类方法在一定程度上提高了系统的小干扰稳定性。

5.4.2 改进下垂控制方式

逆变器下垂控制原理如图5-4所示。由于传统下垂控制难以保证输出电压的精度，且各分布式电源间功率不合理的分配不利于保持微电网的稳定性。为解决这些问题，文献 [4] 进一步在 Q-V 下垂模块中增加电压幅值反馈环节以提高分布式电源单元输出电压幅值控制精度，并减少无功功率环流。文献 [5] 针对取较大下垂系数难以保证功率分配外环稳定性问题，提出在有功下垂控制环节中增设前馈环节。此外，文献 [6] 提出了一种基于虚拟阻抗模式下的自适应下垂控制方式，即在下垂控制环节中增加辅助控制（有功微分环节和无功积分环节），以提高孤岛运行模式下功率环节的动态特性，通过对状态矩阵特征根根轨迹的分析，证明了辅助控制中积分换解析数可提高微电网小干扰稳定性，但这类方法的改善效果依赖于比例积分或微分控制参数的选取，需反复调试。

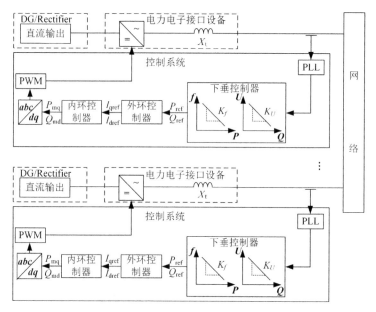

图 5-4　逆变器下垂控制原理

5.4.3 优化设计分层控制策略

由于微电网中功率调度的周期性以及负荷波动的随机性等特点，仅仅依靠逆变器的分散控制难以保证微电网系统的稳定性。因此，文献 [7] 借鉴电力系统分层控制的思想，提出了包含微源控制层、微电网控制层和能量管理层的分层控制方法。微电网控制层的中央控制器首先根据二次电压频率控制算法计算出功率调度结果并下发给各逆变器，然后各逆变器按照此调度功率来调节其下垂曲线，从而恢复计划外负荷波动引起的频率和电压的偏差，以提高其小干扰稳定性。文献 [8] 针对采用下垂控制的微电网系统，提出了一种能量管理系统，通过对各分布式电源进行优化调度以确保微电网的稳定运行。

5.5　算例分析

本节以典型微电网系统为例，采用特征值分析法进行分析，对描述微电网各模块动态行为的非线性方程进行线性化处理，进而求出系统线性化微分方程的状态矩阵及其特征值，从而对其小干扰稳定性进行分析。

5.5.1　微电网小干扰分析模型

图5-5所示是典型的微电网系统，发电单元包括风力发电系统和光伏发电系统，负荷单元根据电源形式的不同分为直流负荷和交流负荷，储能系统由铅酸蓄电池组成，固态切换开关用以改变微电网的工作模式（并网、孤岛）。

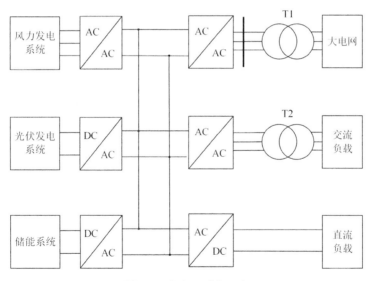

图 5-5　微电网系统示意

其中：光伏发电系统以典型的电力电子逆变装置经双环控制并网；储能设备由于负担了平抑功率波动、改善系统性能的作用而采取了下垂控制方式经电力电子变流装置并网；风力发电系统采用小容量、恒速恒频机组直接馈入微电网系统中，负载结构呈阻感性质。

根据前述小干扰状态空间模型，微电网的动态行为可用下式加以描述：

$$p\Delta x = A'_{\Sigma}\Delta x_{\Sigma} \tag{5.27}$$

式中：A'_{Σ} 为微电网空间状态矩阵，对于该结构的微电网而言，A'_{Σ} 为

$$A'_\Sigma = \begin{bmatrix} A'_{\mathrm{PV}} & 0 & 0 & 0 \\ 0 & A'_{\mathrm{WIND}} & 0 & 0 \\ 0 & 0 & A'_{\mathrm{BAT}} & 0 \\ 0 & 0 & 0 & A'_\Delta \end{bmatrix}$$

式中：A'_{PV}、A'_{WIND}、A'_{BAT}、A'_Δ 分别对应着光伏、风电、储能、负荷及线路各子系统系数矩阵。

光伏发电系统分析模型主要由内外环控制器、锁相环装置以及缓冲电容所对应的非线性微分方程组成。光伏微源的动态行为可用以下形式来描述：

$$\begin{cases} p\Delta \dot{x}_{\mathrm{PV}} = A_{\mathrm{PV}}\Delta x_{\mathrm{PV}} + B_{\mathrm{PV}}\Delta u_{\mathrm{PV}} \\ 0 = C_{\mathrm{PV}}\Delta x_{\mathrm{PV}} + D_{\mathrm{PV}}\Delta u_{\mathrm{PV}} \end{cases} \tag{5.28}$$

式中：Δx_{PV} 分别包含了外环控制器 $\dot{x}_{\mathrm{out}}$、内环控制器 $\dot{x}_{\mathrm{in}}$、锁相环 $\dot{x}_{\mathrm{PLL}}$ 以及直流侧缓冲电容 $\dot{x}_{\mathrm{C}}$ 各自包含的状态变量。

分布式电源以电力电子逆变装置并网，其小干扰稳定性分析的状态空间的阶数是相当庞大的。由于系统内各控制器间存在一定的交互影响作用，因此从系数矩阵元素分布来看，呈现稀疏、耦合的特征。这也导致微电网与传统电网在小干扰稳定性研究中的数学解析方面存在显著不同。

风力发电系统分析模型主要由轴系系统、异步电机、桨距角控制器所对应的非线性微分方程组成。风力发电系统的动态行为可用以下形式描述：

$$\begin{cases} p\Delta \dot{x}_{\mathrm{WIND}} = A_{\mathrm{WIND}}\Delta x_{\mathrm{WIND}} + B_{\mathrm{WIND}}\Delta u_{\mathrm{WIND}} \\ 0 = C_{\mathrm{WIND}}\Delta x_{\mathrm{WIND}} + D_{\mathrm{WIND}}\Delta u_{\mathrm{WIND}} \end{cases} \tag{5.29}$$

式中：Δx_{WIND} 分别包含了轴系系统 $\dot{x}_{\mathrm{s}}$、异步电机 $\dot{x}_{\mathrm{e}}$ 以及桨距角控制器 $\dot{x}_{\mathrm{p}}$ 各自包含的状态变量。

本算例采用恒速恒频风机直接并网，这导致空间阶数相较于光伏发电系统显著减少，从数学解析层面来说带来不少的便利。在不考虑电力电子逆变装置的情况下，一般风机的状态空间为 8 阶。对比光伏发电系统状态空间来看，微源并网方式的选择对系统分析效率具有至关重要的作用。复杂的并网手段，会迅速增加系统状态空间的阶数，带来一定的计算负担。

储能系统分析模型主要由锁相环、外环控制器、内环控制器以及蓄电池所对应的非线性微分方程组成。储能系统系统的动态行为可用以下形式描述：

$$\begin{cases} p\Delta \dot{x}_{\mathrm{BAT}} = A_{\mathrm{BAT}}\Delta x_{\mathrm{BAT}} + B_{\mathrm{BAT}}\Delta u_{\mathrm{BAT}} \\ 0 = C_{\mathrm{BAT}}\Delta x_{\mathrm{BAT}} + D_{\mathrm{BAT}}\Delta u_{\mathrm{BAT}} \end{cases} \tag{5.30}$$

式中：Δx_{BAT} 分别包含了锁相环 $\dot{x}_{\mathrm{PLL}}$、外环控制器 $\dot{x}_{\mathrm{out}}$、内环控制器 $\dot{x}_{\mathrm{in}}$ 以及蓄电池 $\dot{x}_{\mathrm{bat}}$ 各自包含的状态变量。

在小干扰稳定性分析中，负荷大都采用静态特性模型。负荷节点注入电流与节点电压的偏差关系由下式所示：

$$\Delta I_{\mathrm{L}} = Y_{\mathrm{L}}\Delta V_{\mathrm{L}} \tag{5.31}$$

式中：

$$\Delta I_{\mathrm{L}} = \begin{bmatrix} \Delta I_x \mathrm{L} \\ \Delta I_y \mathrm{L} \end{bmatrix} \quad Y_{\mathrm{L}} = \begin{bmatrix} G_{xx} & B_{xy} \\ -B_{yx} & G_{yy} \end{bmatrix} \quad \Delta V_{\mathrm{L}} = \begin{bmatrix} \Delta V_x \mathrm{L} \\ \Delta V_y \mathrm{L} \end{bmatrix}$$

其中的系数可由负荷节点注入电流与节点电压的关系式求得，则

$$G_{xx} = \left.\frac{\partial I_x \, \mathrm{L}}{\partial V_x \, \mathrm{L}}\right|_{V_\mathrm{L}=V_{\mathrm{L}(0)}}, B_{xy} = \left.\frac{\partial I_x \, \mathrm{L}}{\partial V_y \, \mathrm{L}}\right|_{V_\mathrm{L}=V_{\mathrm{L}(0)}}$$

\

$$B_{yx} = \left.\frac{\partial I_y \, \mathrm{L}}{\partial V_x \, \mathrm{L}}\right|_{V_\mathrm{L}=V_{\mathrm{L}(0)}}, G_{yy} = \left.\frac{\partial I_y \, \mathrm{L}}{\partial V_y \, \mathrm{L}}\right|_{V_\mathrm{L}=V_{\mathrm{L}(0)}}$$

在获得描述微电网全系统动态行为的微分-代数方程组后，为分析微电网在小干扰下的特征行为，首先需进行稳态潮流计算和初始化。微电网潮流计算方法整体上来说与常规电网一脉相承，如经典的前推回代法等。特别的，需根据微电网的运行状态、分布式电源的控制类别、负荷的形式将系统中各子系统划分为不同的节点，进而赋初值，进行交直流迭代。

5.5.2　特征值分析法分析

仿真算例中微电网主要参数见表5.2。

表 5.2　主要网络参数

主要仿真参数	值	主要仿真参数	值
风电系统异步机效率 η	0.78	桨距角调节常数 τ	$0.2s$
风电机转动惯量 J_t	$35000 \ \mathrm{kg \cdot m^2}$	额定风速 v	$15 \ \mathrm{m/s}$
异步机转动惯量 J_d	$32 \ \mathrm{kg \cdot m^2}$	空气密度 ρ	$1.225 \ \mathrm{kg/m^3}$
异步机额定转速 n	54 rpm	补偿电容 C_w	1 mF
光伏变换器参数 L_b	$500 \ \mu\mathrm{H}$	补偿电容 $C_{\mathrm{P.V}}$	1 mF
光强基准值 ζ	$1000 \ \mathrm{W/m^2}$	滤波电感 $L_{\mathrm{P.V}}$	1 mH
锁相环比例参数 K_{PPLL}	180	锁相环积分参数 K_{IPLL}	3200
内环比例增益 K_{IP}	12	内环积分增益 K_{II}	260
外环比例增益 $K_{\mathrm{P.V}}$	10	外环积分增益 K_{IV}	40
有功下垂系数 $K_{\mathrm{P.P}}$	$1\mathrm{e}^{-5}$	无功下垂系数 $K_{\mathrm{P.Q}}$	$2\mathrm{e}^{-4}$
蓄电池电容 C_b	250 F	过电压电容 C_1	400 F
充放电内电阻 R_a	$0.052 \ \Omega$	充放电过电压电阻 R_b	$0.21 \ \Omega$
线路参数 R	$0.0787 \ \Omega$	线路参数 L	4.05 mF
负载 $1R_{\mathrm{load1}}$	$20 \ \Omega$	负载 $1L_{\mathrm{load1}}$	0.1 mF
负载 $2R_{\mathrm{load2}}$	$20 \ \Omega$	负载 $2L_{\mathrm{load2}}$	0.1 mF

代入数据，利用 Matlab 可求得系统在初始条件下的特征根分布如图5-6所示。由图5-6可知，算例系统所有特征根均位于虚轴的左侧，根据特征值分析法稳定性判据，可以判定实际的非线性系统在平衡点是渐近稳定的。可以看出，微电网系统的特征根分布与常规电网相比，呈现典型的区域集中特性。按特征根分布位置距离虚轴的位置可划分低频段、中频段、高频段三个典型分布区域。在控制理论中，离虚轴较近的特征根定义为主导特征根，对系统的稳定性影响较大，而中频段、高频段与系统控制方式紧密相关。

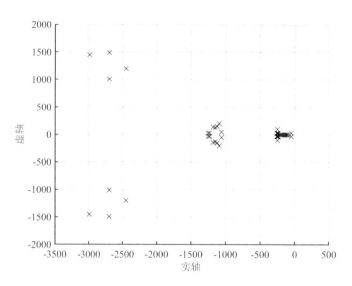

图 5-6　算例系统特征根分布

微电网的特征根分布区域如图5-7所示。

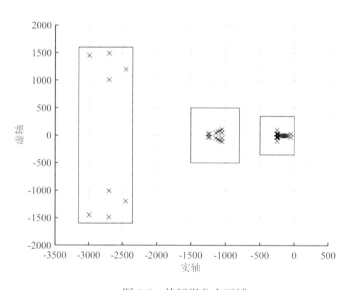

图 5-7　特征根分布区域

对于微电网系统，一些重要参数如控制参数的变化必然引起系统特征值在复平面空间位置的重新排列，在渐进扰动过程中，系统特征根的变化轨迹可以提供大量的稳定性信息。在上文特征解析的基础上，接下来对表征微电网运行特性的关键因素进行特征根稳定性分析，通过参数单调变化，跟踪系统系数矩阵特征根的运动轨迹，从而获取系统稳定性变化的趋势。

1. 下垂系数的变化

下垂控制器承担了系统中功率的分配、平衡问题。为验证下垂控制系数对稳定性的影响，单独增大下垂控制器的有功、无功下垂系数，系统低频段特征根变化轨迹如图5-8和图5-9所示。

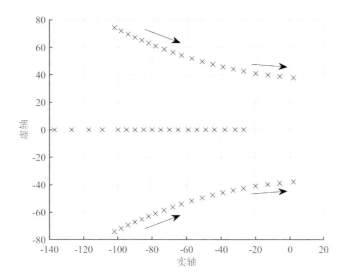

图 5-8　有功下垂系数增大时的特征根轨迹

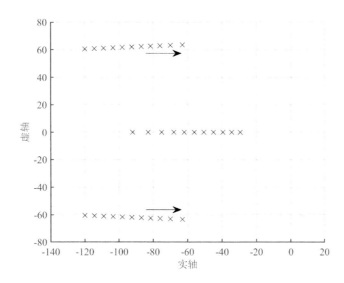

图 5-9　无功下垂系数增大时的特征根轨迹

由图5-8和图5-9可知，随着有功、无功下垂系数的增大，系统低频段特征根均逐步靠近虚轴，阻尼比变小，稳定性变差。若超出系统小干扰情况下动态调整的合理范围，有功、无功下垂增益的持续增大甚至会导致小干扰不稳定。且在渐进变化的过程中，有功下垂系数的影响更大，因此下垂系数的变化直接影响到系统的稳定性能。由于下垂控制系数主要影响到系统主导特征根的分布，因此采取下垂控制的分布式电源是一种较强的主动参与式单元，具有鲜明的参数优势。

2. 电压电流环控制参数变化

为验证分布式电源逆变器侧电压外环、电流内环控制系数变化对系数矩阵特征根分布的影响，单独增大电压外环积分系数、电流内环比例系数，系统在复平面内特征根的变化轨迹如图5-10和图5-11所示。

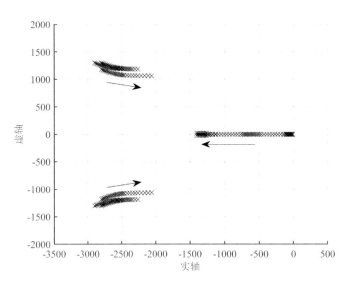

图 5-10　电压环积分系数增大时的系统特征根轨迹

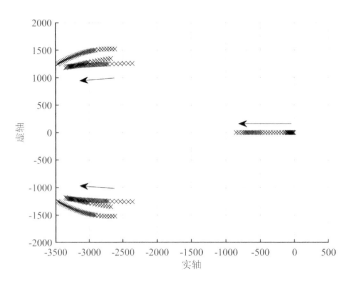

图 5-11　电流环比例系数增大时的系统特征根轨迹

由图5-10和图5-11可知，单调增加逆变器侧电压环控制参数，高频段特征根向虚轴渐进排列，而中频段特征根远离虚轴，相较而言系统中频段特征根变化情况最为明显，因此系统中频段特征根分布主要受外环电压控制器的影响；而单调改变逆变器侧电流环控制参数，系统中、高频段特征根均远离虚轴，高频段特征根阻尼比显著增加，相较而言对系统中高频段特征根的分布情况影响最大，因此系统高频段特征根主要受内环电流控制器的影响。

3. 线路阻抗参数变化

为验证线路电阻、电感值变化对系统状态空间特征根分布的影响，单独增大线路电阻、电感值，系统在复平面内特征根的变化轨迹如图5-12、图5-13和图5-14所示。

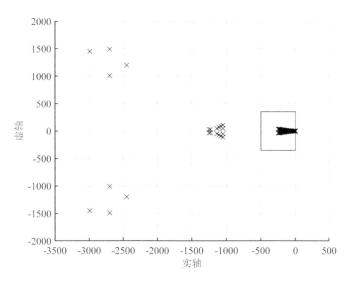

图 5-12　线路电阻增大时的系统特征根轨迹

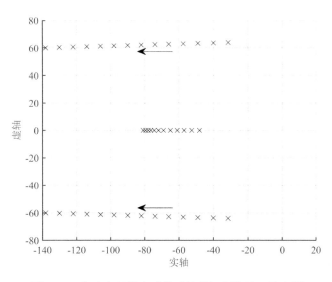

图 5-13　线路电阻增大时的系统特征根轨迹（放大图）

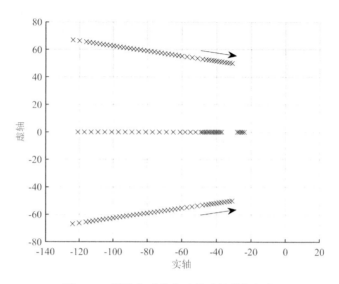

图 5-14　线路电感增大时的系统特征根轨迹

由图5-12、图5-13和图5-14可知，系统低频段特征根对线路电阻变化响应较为敏感，根据局部放大图可知，随着线路阻值的不断增加，系统主导特征根逐渐远离虚轴，阻尼比也随之加大。从特征根在复平面内的运动轨迹来讲，系统的稳定性得到了一定程度的增强，因此在微电网系统规划初期，合理的选线、定量电气距离、较大容量、阻尼设备的投入对系统小干扰稳定性有一定好处，但过大的阻尼也会降低系统的响应速度，影响整体效能。而单调增加线路的电感值时，主导特征根渐次逼近虚轴，阻尼比显著减少，对系统稳定性是不利的。

5.6　总　结

本章对微电网小干扰稳定性进行了介绍。对微电网小干扰稳定性的常见研究方法进行了综述，详细介绍了其中的特征值分析法和阻抗分析法，其中特征值分析法是目前使用最广泛的方法，它的分析步骤包括状态空间表达、方程线性化和利用特征值来分析这几步；对微电网概率小干扰稳定性进行了介绍，包括对随机因素的分析以及对相关研究方法的介绍，并对常见的 3 种研究方法进行了对比；分析了不同控制方式对微电网小干扰稳定性的影响，包括主动负荷分摊控制和下垂控制。最后采用了一个典型的微电网系统作为算例，对微电网系统进行了建模，并采用特征值分析法进行分析，通过改变系统的不同参数，观察特征值的变化规律来研究系统的稳定性。仿真结果表明，特征值分析法能够全面地分析各系统参数变化对微电网小干扰稳定性的影响，进而有助于合理设计和控制微电网以提高小干扰稳定性。

参考文献

1. 倪以信, 陈寿孙, 孙宝霖. 动态电力系统的理论和分析 [M]. 北京: 清华大学出版社, 2002.
2. 张明锐, 黎娜, 杜志超, 等. 基于小信号模型的微网控制参数选择与稳定性分析 [J]. 中国电机工程学报, 2012, 32(25): 9-19.

3. Hassan M A, Abido M A. Optimal design of microgrids in autonomous and grid-connected modes using particle swarm optimization[J]. IEEE Transactions on Power Electronics, 2011, 26(3): 755-769.

4. Cao W, Su H, Cao, et al. Improved droop control method in microgrid and its small signal stability analysis[C]//Renewable Energy Research and Application, 2014: 33-39.

5. 范元亮, 苗逸群. 基于下垂控制结果微网小干扰稳定性分析 [J]. 电力系统保护与控制, 2012, 40(4): 1-7.

6. Kim J, Guerrero J M, Rodriguez P, et al. Mode adaptive droop control with virtual output impedance for an inverter-based flexible AC microgrid[J]. IEEE Transactions on Power Electronics, 2011, 26(3): 689-701.

7. Guerrero J M, Vasquez J C, Matas J, et al. Hierarchical control of droop-controlled DC and AC microgrids-a general approach towards standardization[C]//IEEE Industrial Electronics Conference, 2009: 4305-4310.

8. Barklund E, Pogaku N, Prodanovic M, et al. Energy management in autonomous microgrid using stability-constrained droop control of inverters[J]. IEEE Transactions on Power Electronics, 2008, 23(5): 2346-2352.

9. 杨浩. 微电网小扰动稳定性研究 [D]. 沈阳工业大学, 2019.

10. 杨轶涵, 张靖, 何宇, 等. 电力系统概率小扰动稳定性研究进展 [J]. 电测与仪表, 2019, 56(18): 57-65.

11. 潘忠美, 刘健, 石梦, 等. 计及电压/频率静特性的孤岛微电网电压稳定性与薄弱节点分析 [J]. 电网技术, 2017, 41(7): 2214-2221.

12. Turner R, Walton S, Duke R. A case study on the application of the Nyquist stability criterion as applied to interconnected loads and sources on grids[J]. IEEE Transactions on Industrial Electronics, 2013, 60(7): 2740-2749.

13. Belkhayat M. Stability criteria for AC power systems with regulated loads[D]. West Lafayette, USA: Purdue University, 1997.

14. 王阳, 鲁宗相, 闵勇, 等. 基于降阶模型的多电源微电网小干扰分析 [J]. 电工技术学报, 2012, 27(1): 1-8.

15. Iyer S V, Belur M N, Chandorkar M C. A generalized computational method to determine stability of a multi-inverter microgrid[J]. IEEE Transactions on Power Electronics, 2010, 25(9): 2420-2432.

16. Guo X, Lu Z, Wang B, et al. Dynamic phasors-based modeling and stability analysis of droop-controlled inverters for microgrid applications[J]. IEEE Transactions on Smart Grid, 2014, 5(6): 2980-2987.

17. 付强, 杜文娟, 王海风. 交直流混联电力系统小干扰稳定性分析综述 [J]. 中国电机工程学报, 2018, 38(10): 2829-2840+3134.

18. 王康, 金宇清, 甘德强. 电力系统小信号稳定分析与控制综述 [J]. 电力自动化设备, 2009, 29(5): 10-19.

第6章　微电网暂态稳定性分析

6.1　概　述

传统互联电力系统中的电能主要靠同步发电机产生，同步发电机占绝对主导地位的电力系统中，其稳定性在很大程度上是一个使相互连接的同步发电机保持同步的问题。然而，由于微电网整合中低压配电网中特性各异的分布式发电系统，同步发电机、异步发电机、电力电子变换器接口等多类型微电源混合共存；同时，微电网作为主动配电网末梢，电机类、电力电子接口类有源负荷等多样性强的非线性负荷占微电网总负荷的份额急剧上升。在多源多变换微电网背景下，多类型微电源、多类型负荷动态特性相互耦合、互相影响。微电网在外部扰动下，既存在微秒级快速变化的电磁暂态过程，也有毫秒级的机电暂态过程和秒级至分钟级的慢动态/中长期动态过程。传统以交流同步发电机供电电源为基础的系统稳定分析与控制方法无法满足多源多变换微电网大规模发展的要求。

采用大型同步电机为主要电源的传统电力系统，其动态过程具有较为鲜明的时间尺度特性，它按时间尺度可分为电磁暂态过程、机电暂态过程及中长期动态过程。与传统电力系统相比，分布式发电微电网系统有其自身特点，主要体现在：1）分布式电源种类繁多且形式各异，既有静止的直流型电源，也有旋转的交流电机；2）大部分分布式电源需通过电力电子变流器向电网或负荷供电；3）通常具有并网和独立运行等多种模式；4）许多分布式电源的出力具有间歇性和随机性，往往需要储能设备、功率补偿装置以及其他种类分布式电源的配合才能达到较好的动、静态性能；5）分布式发电系统控制复杂，包括分布式电源及储能元件自身的控制、电力电子变流器的控制以及网络层面的电压与频率调节；6）有的分布式电源在运行时不仅要考虑系统中电负荷的需求，有时还要受冷、热负荷的约束，达到"以热定电"或"以冷定电"的目的；7）中小容量的分布式电源大多接入中低压配网，此时网络参数与负荷的不对称性大大增加，此外，用户侧的分布式电源可能会通过单相逆变器并网，更加剧了系统的不对称性。因此，系统的运行状态会随着外部条件的变化、负荷需求的增减、电源出力的调整、运行方式的改变以及故障或扰动的发生而不断变化，其动态过程也将更为复杂。

微电网的分布式发电系统通常包括能量转换装置（即分布式电源）及控制系统，并通过电气接口（电力电子装置或电机）向本地负荷供电并与外部电网相连。分布式发电技术的千差万别使得各种分布式电源具有完全不同的动态特性，而分布式发电系统的动态特性却不仅仅体现其电源本身的特性；除了少数直接并网的分布式电源外，其他大多通过电力电子装置并网，因此，分布式发电系统的动态特性还包括电力电子变流器及其控制系统的特性；此外，一些分布式电源由于受外界条件的影响需要详细考虑一次能源的动态特性。从数学上讲，分布式发电系统是一个由上述各环节相互耦合的强非线性动力学系统，其动态特性是各元件在各个时间尺度上动态特性的叠加，这为分布式发电系统动态特性的分析带来了较大困难，但详细了解各种分布式电源的动态响应特性对系统运行人员而言却又是十分重要的。

微电网既可以看作是一个小型的电力系统，也可以看作是配电系统中一个虚拟的电源或负荷，而微电网的运行特性也包含了这两方面含义，一方面是微电网自身的运行特性，这主要是在独立运行时体现；另一方面则是微电网与外部电网的相互作用，这主要在并网运行时体现。

图6-1给出了微电网的各种运行状态及其之间的相互转化。了解微电网自身的运行特性是认知微电网与外部电网相互作用机理的基础。微电网中存在的多种能源输入（光、风、氢、天然气等）、多种能源输出（电、热、冷）、多种能量转换单元（光/电、热/电、风/电、交流/直流/交流）以及多种运行状态（并网、独立）使得微电网的动态特性相对于单个的分布式发电系统而言更加复杂，除了各分布式发电单元的动态特性外，网络结构与网络类型（直流微电网或交流微电网）也将在一定程度上影响着微电网的动态特性。

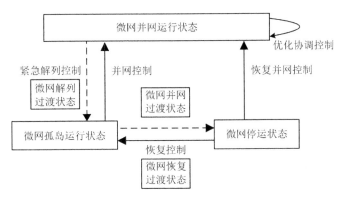

图 6-1　微电网运行状态

综上所述，分布式发电技术的多样性和微电网运行的复杂性决定了微电网系统中的动态过程将更加复杂，相对于传统电力系统其时间尺度跨度更大，动态过程间的耦合更紧密。此时，仅依靠稳态分析的方法是不够的，必须对微电网进行暂态分析才能清楚认识其自身的动态特性及与大电网相互作用的机理。图6-2给出了分布式发电微电网系统中动态过程的时间尺度示意图。

近年来，微电网小扰动稳定性问题得到了广泛的研究。然而，与微电网小扰动稳定性相比，国内外针对微电网的大扰动暂态稳定问题的研究仍然十分有限。微电网是典型的非线性动态系统，基于小干扰稳定研究设计的下垂控制策略、微电网稳定控制器的方式与线性最优控制方式的设计方法都有一个共同点，那就是将微电网非线性状态方程在某一特定运行方式（特定潮流）下进行近似线性化。很显然，这种在某一特定状态 x_e 下被近似线性化的数学模型只能在实际运行状态 $x(t)$ 十分接近 x_e 时才比较准确。换言之，当实际运行状态偏离较远时，近似线性化的数学模型并不能正确表述实际的控制系统。而由于可再生能源的间歇性与波动性，微电网运行状态变化频繁。因此，基于近似线性化数学模型即使设计得很好的控制器，也只能对电力系统小干扰的稳定性起到良好的控制作用，故而此设计方法与提高微电网大干扰稳定性的要求不相适应。为应对微电网的大规模发展，全面深入揭示多源多变换微电网的大扰动暂态稳定运行机制，在微电网的暂态稳定性分析与改善策略方面亟待进一步探讨与研究。

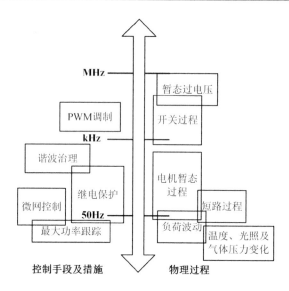

图 6-2　微电网系统中动态过程时间尺度示意

6.2　微电网的暂态稳定性

与传统交流电力系统一样，微电网等电力电子化电力系统在大扰动情况下存在暂态失稳的现象，尽管系统内部交互作用更加复杂，系统失稳的形式更加多样，但这仍然是非线性系统稳定性的本质体现。不同于线性系统的小干扰稳定即意味着全局稳定，经过线性化模型设计的电力电子变流器及其构成的系统在遇到大扰动时可能表现出复杂的非线性现象，最终导致系统不能重新工作在静态工作点。

在装置层次，如 DC-DC 变换器和电压源换流器（Voltage Source Converter），如果参数设计不合理，当出现负载扰动或者短路时，都会出现即使负载恢复正常或者故障清除，装置也无法回到原来的稳定工作点的现象，表现为电压或电流无法跟踪参考值，进而引起电压崩溃。

在全局电力系统的子系统层次，如微电网、航空器电力系统和柔性直流输电系统，都存在稳定域的概念。当出现大的扰动，比如发生短路故障时，状态变量偏离平衡点，如果故障没有及时清除，状态变量运行到稳定域之外，即使扰动消失，系统也无法再回到平衡点（静态工作点），表现为系统失去控制，频率或者电压发生崩溃。

在全局电力系统中，发电、输电、配电、变电、用电通过不同的建模方式集成在同一个模型中，此时上文描述的电力电子化特征凸显，各个子系统交互作用，系统非线性程度强，由于新能源的大量投入，还将带来波动性和不确定性。

虽然微电网等电力电子化电力系统存在不同于传统交流电力系统的失稳形式，但传统交流电力系统的暂态稳定性定义在一定程度上仍然适用于电力电子化电力系统。本章节所谈及的暂态稳定性是指微电网等电力电子化电力系统在运行过程中，受到一个大的扰动后经过一个暂态过程，能否达到新的稳定运行状态或恢复到原来运行状态的能力。

6.3 微电网暂态稳定性影响因素

微电网的暂态稳定主要指的是微电网在正常运行情况下突然遭受严重暂态扰动后，经过暂态过程能够达到新的稳定运行状态或者恢复到原来的状态的能力。其中，大扰动主要指短路故障、微电源跳闸、失去大负荷、非计划性孤岛等情况。在微电网系统规划、设计和运行等工作中都要进行必要的暂态稳定分析。暂态稳定时间尺度主要包括电磁暂态和机电暂态过程。

为预防微电网在大扰动下暂态失稳，需要根据预想的典型大扰动工况，对微电网系统进行暂态稳定性分析。然而，与小干扰稳定研究相比，目前微电网暂态稳定研究仍然十分有限。众多研究结果表明，微电网暂态稳定的主要影响因素包括微电源接口类型、电流限制策略、故障特性和负荷特性。

6.3.1 微电源接口类型对微电网暂态稳定性的影响

当微电网受到大扰动时，电机类微源的输入机械功率与输出电磁功率间失去了平衡，导致转子速度和角度发生变化，各微电源间可能发生相对摇摆；而基于电力电子变换器的微电源短路电流常被限制在两倍额定电流以内，大扰动过程可能触发过流保护，导致电力电子型微源相继脱网；此外，微电网在大扰动过程中，还可能出现电压急剧下降而无法恢复的情况。对于这些情况，则认为微电网系统失去暂态稳定。

1. 异步电机接口对微电网暂态稳定性的影响

当微电网中存在异步电机接口型定速风电机组类微源时，微电网在大扰动过程中，电压骤降期间感应电机转差增大，导致从微电网中吸收的无功急剧增加，异步电机的无功-电压特性趋向于使微电网发生暂态电压失稳。

2. 电力电子接口对微电网暂态稳定性的影响

微电源接口类型的多样性对系统暂态稳定性产生显著影响。文献 [1] 设计了包含并网模式、计划孤岛暂态、对称和非对称短路故障（瞬时、永久）大扰动场景，研究了包含常规旋转接口微电源和电网跟随型电力电子接口微源的微电网暂态功角稳定和电压稳定问题，分析表明电力电子型微源有功功率快速独立可控的特性能够维持微电网极端故障和随后孤岛暂态过程的功角稳定性，快速无功功率控制特性能够有效增强关键母线的电能质量。没有快速可控的电力电子单元的支撑，微电网将经历功角失稳。文献 [2] 建立了燃料电池发电系统接入配电网络的非线性动态模型，故障及孤岛算例显示提高燃料电池发电对燃气机发电的比例可有效增强稳定性。进一步地，三相对地故障条件下，电力电子变换器下垂控制模拟同步发电机与传统同步发电机及电网跟随型底层控制策略相比，呈现更好的暂态特性。此外，文献 [3] 分析了中压微电网中双馈风力发电机组的暂态运行特性，其结果表明微电网中风电渗透率的提升显著降低微电网的暂态电压稳定性。

6.3.2 故障特性

故障类型（单相接地、相间短路和三相接地等）、故障位置和故障清除时间等对微电网暂态稳定性的影响具有差异性。其中，单相接地故障发生频率较高，会造成微电网系统短时不对称；而三相接地故障严重程度较高，可能会导致微电网发生暂态失稳。文献 [4] 评估了不同故障类型和故障位置对微电网和配电网暂态稳定特性的影响，研究指出当上游配电网发生三相接地故障时，故障清除时间越短，微电网暂态稳定性越高；微电网需设计可靠的孤岛保护策略离网运行，当微电网渗透率较高时需配置储能系统实现微电网的低电压穿越。此外，短路故障类型的差异性对电力电子接口微电源的低电压穿越能力产生显著影响。

6.3.3 负荷特性

微电网作为弱电网，容量较小，微电网的暂态稳定性与负载特性密切相关。然而目前研究微电网暂态稳定性的论文中，微电网系统中绝大部分负荷都用 RL 恒阻抗负荷模拟，使用恒阻抗负荷进行建模会导致分析结果不具备可信性。文献 [5] 研究和对比了主从和对等控制模式下的微电网故障触发孤岛暂态稳定性，以故障关键清除时间 CCT 作为暂态稳定评价指标，首次分析了感应电机负荷导致微电网失稳机理的因素（电机负荷比例、惯量、电机载荷、微源功率潮流控制策略）。研究表明，与等值恒阻抗负荷相比，微电网中感应电机负荷显著降低故障关键清除时间；为此，提出了含电机负荷的暂态稳定提高措施：即快速甩感应电机负荷及负荷重连。文献 [6] 分析脉冲负荷对混合微电网稳定性的影响，设计了混合储能系统，通过模糊逻辑和自适应控制算法以防止微电网发生暂态崩溃。然而，上述研究未能进一步分析非线性系统失稳机理以及提供微电网稳定裕度信息。针对含三相不平衡负载和电力电子接口负荷的微电网暂态特性分析和稳定增强控制策略仍有待进一步的探讨。

6.3.4 电流限制策略

微电网的暂态稳定需要微电源在故障过程中保持同步，并且一旦故障清除就要恢复正常功率输出。对于逆变器型的微电源，必须确保电流和电压限制器不能闭锁以及控制器不能饱和，具备低电压穿越能力。电力电子变换器热惯量较低，即使在非常短的时间内通过的电流也需要对其进行约束。目前主要的限流策略包括瞬时饱和限制和闭锁限制。瞬时饱和限制策略可防止电流控制器输入超过预先定义的值，该控制策略相对容易实现从而应用广泛，但当输入是正弦信号时，输出由于峰值限幅导致失真。闭锁策略中，过电流时变换器的电流参考将用一个预先定义的电流值代替以避免输出畸变；然而，该控制策略需要充分考虑重置逻辑问题。此外，当控制器输出受限幅约束时，积分控制器将产生饱和问题。

因此，虽然电力电子变换器有响应速度快的优势，但其过载能力低和低惯量特性可能导致微电网中该类电源在暂态过程中连锁脱网，因此，针对电力电子接口微源在微电网/弱电网条件，防止电流和电压限制器闭锁和控制器饱和的低电压和零电压穿越技术是需要重点关注的方向。

6.4　微电网暂态稳定性研究方法

目前，电力系统的暂态稳定分析最常用的主要有 2 种方法，即时域仿真法和直接法，此外人工智能法也有较大潜力。这几种方法分别评述如下。

6.4.1　时域仿真法

时域仿真法将微电网系统各元件模型根据元件间的连接关系形成可用一组联立微分和代数方程组描述的系统模型，在此基础上以稳态潮流计算解为初值，求解微电网系统状态变量和代数变量的数值解，并根据关键变量的变化曲线判别系统的暂态稳定性。时域仿真法是揭示微电网内部的非线性现象和暂态稳定问题的有力工具，因其直观性而得到广泛应用。目前，适用于微电网系统暂态稳定分析的软件包括 Matlab/Simulink、PSCAD 及 DIgSILENT 等。然而，进一步研究适用于含大量分布式电源微电网，准确反映微电网中长期机电暂态过程和电力电子电磁暂态过程的混合仿真软件具有重要的研究价值。

6.4.2　直接法

时域仿真法需针对不同工况反复进行仿真计算，计算速度慢，同时不能提供暂态稳定的封闭解及给出微电网的稳定裕度。而直接法能快速分析微电网系统在预想大扰动下的暂态稳定度，该方法通过构造系统暂态能量函数，并与系统所能吸收的最大暂态能量（称为临界能量）比较以判断系统暂态稳定性。直接法不仅能定性地判断系统稳定性，还能获得系统的稳定裕度，定量地分析系统的暂态稳定性。

直接法又可称为李雅普诺夫能量函数法，基于能量函数法的暂态稳定性分析在传统电力系统中得到广泛研究，如暂态能量函数法和势能边界面法（Potential Energy Boundary Surface，PEBS）。然而，由于公用电网的规模相对较大，发电机、负荷和母线数量庞大，此时基于非线性李雅普诺夫函数的稳定性分析变得十分复杂，而且不直观；对同步发电机和负荷等建模的过度简化导致其精度较差（如发电机仅采用二阶经典模型，不能计及励磁系统和动态负荷对系统稳定性的影响），仅能判别第一摆稳定性，因此直接阻碍了该方法在电力系统动态安全评估的广泛采用。相反地，微电网规模相对较小，通常仅由数量较小的微电源、线路和节点组成。因而，李雅普诺夫稳定性分析方法是理论可行的。

目前，波波夫绝对稳定性准则、耗散系统理论等基于李雅普诺夫能量函数的方法已经开始在微电网和配电网的暂态稳定分析和动态安全评估中有所研究。图6-3给出了一种混合源微电网暂态稳定分析的建模方法。其中，同步电机接口微源采用基于摇摆方程的经典模型；电力电子类微电源采用虚拟静止同步发电机的方式进行建模，并计及功率下垂特性和变换器滤波器动态，等效惯性时间常数 H 由直流侧电容存储能量和静止同步发电机的旋转动能等值获取。通过等效建模，传统李雅普诺夫稳定性分析方法就能方便地应用到逆变器等效运行方程中，从而构建合适的暂态能量函数。

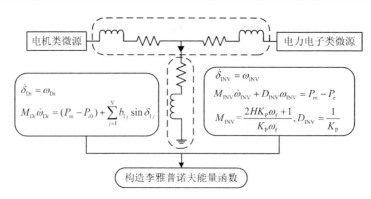

图 6-3　单机系统的小信号特性图

　　然而，在微电网领域，李雅普诺夫暂态稳定性分析研究仍较为少见，计及电机类微源调速和励磁系统、电力电子类微源功率潮流控制策略，适用于微电网暂态稳定性分析的能量函数法仍没有很好地建立和应用。

6.4.3　人工智能法

　　数据挖掘和人工智能在提高效率方面有很大优势，在电力系统的暂态稳定性分析中主要承担着数据预处理和后处理的功能。电力系统是一个复杂的大系统，其运行数据在时间和空间上存在无限可能性，但是其中的大量数据属于相似样本，因此需要对数据进行预处理。应用人工智能算法进行暂态稳定性分析时，直接从处理过的样本中寻求状态参数与稳定指标（如临界切除时间）之间的映射关系。通过时域仿真法的数据在离线条件下对分类器模型进行训练，然后通过广域测量系统（Wide Area Measurement System，WAMS）获取新的状态参数，对当前状态下的系统进行暂态稳定性分析，这种方法具有直观和快速的特点。

　　人工智能法的合理化应用存在明显的优势，但这一方法也有明显缺点，这一系统自身复杂且不确定，为了合理地进行暂态分析与应用，一定要提前做好建模，若数据与预设的不一样，则会导致结果和实际存在较大差距。此外，这种方法不能探究系统的失稳机理，当系统发生变化时，所有数据都需要重设，在工程实际中难以实现。

6.4.4　其他方法

　　除了上述 3 种方法，逆轨迹法和半张量积方法也被用于系统的暂态稳定性分析。逆轨迹法考虑一个渐近稳定的区域和该区域边界上的点集，通过对边界上这些点进行逆向积分来获得逆轨迹，以逆轨迹的集合估计稳定边界。文献 [7] 采用逆轨迹法估计了公共直流母线供电的变频调速系统吸引域。这种方法的应用存在这些问题：不可能对边界上所有的点进行逆向积分。此外，为了获得足够的精确度，边界上点集的数量将随着状态变量的阶数的增长呈指数增长，所以，这种方法只适用于低阶系统，不具有一般性。半张量积方法利用多元多项式的半张量积直接判断非线性系统的稳定性。这种方法的最大优势在于无须构造系统的暂态能量函数，基本实现了系统稳定性判断的自动生成，而且能给出吸引域边界的近似求解。但是基于半张量积方法的稳定域边界近似方法受到系统维数的限制，目前尚难以在大规模电力系统中得到应用。这两种方法都适用于状态变量阶数不太高的系统，在规模本就不大的微电网中具有很大的研究和利用价值。

表6.1对上文介绍的几种电力系统暂态稳定性方法进行了总结，包括它们的所需信息、特点、应用以及面临的挑战。这些方法在微电网暂态稳定性研究中均具有一定的借鉴意义。

表 6.1　暂态稳定性分析方法的比较

方法	所需信息	速度	应用	用于暂态稳定性分析面临的挑战
时域仿真法	系统状态的时间响应	计算量大，耗费时间	工业上的主要方法，检验其他方法的标准	模型和求解方法需要兼顾仿真精度和速度；需要寻找暂态失稳判据以减少计算时间
直接法	吸引域的估计值	计算速度快	强化时域解，与时域仿真法联合应用于在线暂态分析	需要根据微电网的特点构造合适的李雅普诺夫函数
人工智能法	稳定指标	计算速度快	用于数据的预处理和后处理	需要减少由于实际数据与预设数据不一致时造成的分析结果与实际的稳定指标的偏差
逆轨迹法和半张量积方法	吸引域的估计值	推广到大规模系统时计算量大	适用于状态变量阶数较低的系统	推广到大规模系统需要适应状态变量阶数高的复杂电力电子化电力系统

6.5　基于直接法的暂态稳定性分析

将直接法应用于微电网系统需要重点解决两个问题，即如何构造合适的能量函数，以及怎么对吸引域进行估计。一方面，微电网由于规模较小，理论上适合直接法的使用；然而另一方面，微电网作为典型的电力电子化电力系统，与传统交流电力系统相比，具有拓扑时变、暂态过程快速、强非线性以及系统状态变量阶数高的特点，这给运用直接法对其进行暂态稳定性分析又带来了诸多挑战。即使不考虑新能源的波动特性，各式电力电子变流器组合运行，系统模型将变得非常复杂，如何根据微电网的一些特点来简化分析过程是运用直接法的关键，本节将对直接法用于微电网系统暂态稳定性分析的基本步骤进行梳理。

直接法对于定量评估电力系统稳定裕度有重要意义，目前直接法主要用于电力电子装置层次的吸引域估计和子系统层次的机理分析。

6.5.1　数学模型的简化

微电网作为典型的电力电子化电力系统，是一个多时间尺度控制相互作用的时变非线性复杂系统，包含大量不同类型的电力电子变流器，如果基于系统的详细模型进行暂态稳定性分析，可能导致分析过程过于复杂。此外，非线性系统的特征决定了并非所有形式的非线性系统都能通过直接法进行暂态稳定性分析。为了使分析能够继续下去，有必要在机理分析的基础上对系统模型进行简化，目前常用的电力电子化电力系统模型简化方法包括动态聚合和基于奇异摄动理论的降阶方法。

1. 动态聚合

光伏发电、风力发电等可再生能源发电具有单台设备装机容量低、发电设备数量大的特点，为其建模分析带来了困难。以风电场为例，若包含多台风机，在做暂态稳定性分析时，如果每一台风机都参与建模，将会占用大量的计算资源。为了降低计算量，减少计算时间，通常将风电场群等值成一台机或几台机进行计算。

2. 奇异摄动理论降阶

利用多时间尺度特性可以对微电网系统进行降阶，降阶后的系统模型称为准稳态模型，通过研究降阶模型和边界层模型的稳定性来分析原系统平衡点的稳定性可以有效减少计算量，并且使得分析过程可以继续下去。

理论上对微电网系统进行等值和降阶都是可行的，但是这样的简化对最终的分析结果的定量影响仍需更多的实例来验证。模型的简化需要建立在理论分析的基础上，只有这样才能更加准确地对吸引域进行估计。

6.5.2 构造李雅普诺夫函数

对于微电网系统，李雅普诺夫函数通常无法直接确定，下文介绍两种构造李雅普诺夫函数的方法。

1. 可变梯度法

该方法是一种倒推法，先研究李雅普诺夫函数的导数 $\dot{V}(x)$ 的表达式，再反过来选择 $V(x)$ 的参数，使 $\dot{V}(x)$ 负定。这种方法求解过程较复杂，仅适用于低阶系统。确定李雅普诺夫函数的问题变为寻找一个正定矩阵 P 使得 $\dot{V}(x)$ 在平衡点的某个邻域内是负定的。

2. 线性矩阵不等式方法（Linear Matrix Inequality，LMI）

二次型李雅普诺夫备选函数由于其简单性常被使用，形如 $V(x) = x^{\mathrm{T}}Px$，其中：$V(x)$ 为备选李雅普诺夫函数；x 为状态变量；P 为一个对称正定矩阵。LMI 数值求解方便，然而并非所有的非线性系统都可以通过这种方法找到李雅普诺夫函数，大多数情况下，必须通过一定的理论分析和化简才能将建立的原始模型转化为可以求解的形式。此外，这种方法求解吸引域会带来保守性。

6.5.3 吸引域的估计

在传统交流电力系统中，这一步等效于确定临界能量，在确定李雅普诺夫函数之后，就可对吸引域进行估计。线性矩阵不等式方法可将吸引域的估计问题转化为一个凸优化问题，便于数值求解，但如前文所述，用 LMI 方法只能解决特定形式的非线性系统问题。最近，不稳定平衡点法（Unstable Equilibrium Point，UEP）是另一种通过给定的李雅普诺夫函数估计吸引域的方法，在这种方法中，寻找具有最小李雅普诺夫函数值的不稳定平衡点，将该点李雅普诺夫函数值定义为最大的李雅普诺夫函数水平集，从而得到吸引域的估计值。UEP 方法的缺点是计算所有不稳定平衡点是困难的，此外，被研究的系统的吸引域边界上不一定存在不稳定平衡点。在对吸引域进行估计时，尽量扩大吸引域的估计值以降低系统的保守性也是有必要的。

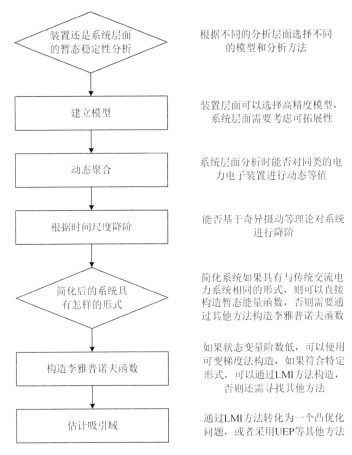

图 6-4　直接法的基本步骤

图6-4描述了直接法在微电网系统暂态稳定性分析中的基本步骤。在传统交流电力系统中，单独的元件是不需要进行暂态稳定性分析的，在微电网等电力电子化电力系统中，电力电子变流器本身却存在自稳性问题，并非每个装置都全局稳定，只有参数设计合理才能保证装置的稳定运行。通常希望装置在稳定工作点有尽可能大的吸引域，然而即使每个装置都做到了全局稳定，整个系统可能吸引域很小甚至是不稳定的，因此，从装置和系统层面分别进行暂态稳定性分析都很有必要。装置和系统层面的暂态稳定性分析又存在很大区别：装置层面的分析常用于设计，并且状态变量阶数较低，也不需要考虑可拓展性，可以选择高精度模型；而系统层面必须考虑与系统其他元件模型的兼容性问题和计算复杂度，所以采取的模型和分析方法必须具有可扩展性，否则不具有工程实际意义，为此可能不得不在一定程度上放弃模型的精度，首先采取简单的模型，在此基础上还需要对模型进行简化。此外，在不同的系统中，模型简化的最终形式是不一样的，不同的电力电子变流器渗透率、不同的功率水平都会导致分析方法的不同，这也是微电网等电力电子化电力系统暂态稳定性分析的难点，能否找到一般性的理论和方法来分析不同的系统尚需更多研究和实践。

图6-4描述的是直接法最基本的步骤，具体系统需要特定分析。如前所述，该方法在微电网等电力电子化电力系统中的运用是具有挑战性的课题，如果不能在整个状态空间来分析系统的稳定性，将分析范围约束在某个区域，保证系统状态变量在该区域时系统的稳定性或许是另一

种研究思路，这样会给分析带来保守性，但是能保证系统的可靠运行，属于一种折中的方法。

6.6　基于时域仿真法的暂态稳定性分析

电力系统的暂态稳定分析可以归结为微分-代数方程组的初值问题。工程中的问题表现出来的微分方程比较复杂，往往是多元非线性的，一般不能用解析的形式求出微分方程的通解，而只能用数值解法，即从已知的初始状态开始，利用某种数值积分公式，离散地逐点求出时间序列相对应的函数的近似值。

6.6.1　微分-代数方程的数值解法

电力系统稳定计算中的微分方程的一般形式为

$$\frac{\mathrm{d}x}{\mathrm{d}t} = f(x) \tag{6.1}$$

在电力系统稳定计算中，所有微分方程都不显含时间变量 t，所以上式右边只为 x 的函数，而不是 t 的函数。在计算方法等相关课程中，我们已学习了欧拉法、改进欧拉法和隐式积分算法等常用的数值解法，欧拉法又称为欧拉切线法或欧拉拆线法，它的基本思想是将积分曲线用拆线来代替，而每段直线的斜率都由该段的初值代入式（6.1）中。在应用欧拉法时，一个时段的折线斜率仅由初始点的导数值决定，用于近似真实曲线。如果我们不仅应用一个时段的初始点的导数值，也应用这个时段的终点的导数值，取这二者的平均值，就可以期望得到比较精确的计算结果。改进欧拉法就是根据这个原则提出的。

微分方程数值解法可以分为显式法和隐式法两大类。分析显式法的计算公式可以看出，这些公式的右端都是已知量，因此利用这些递推公式可以直接计算出下一点的函数值 x_{n+1}。与此不同，微分方程隐式解法不是给出递推公式，而是首先把微分方程化为差分方程，然后利用求解差分方程的方法确定函数值 x_{n+1}。

式（6.1）中的微分方程可看作 $x' = f(x,t)$，其在 (t_n, t_{n+1}) 区间内可近似为一条直线段，故而在 (t_n, t_{n+1}) 区间内的曲线面积可利用图6-5中阴影表示的梯形面积来近似代替。

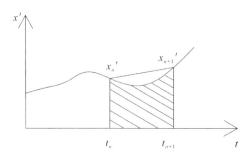

图 6-5　梯形积分示意图

利用阴影部分近似等效曲线面积时，有

$$x_{n+1} = x_n + \frac{h}{2}\left[x_n' + x_{n+1}'\right] \tag{6.2}$$

即

$$x_{n+1} = x_n + \frac{h}{2}[f(x_n, t_n), f(x_{n+1}, t_{n+1})] \tag{6.3}$$

显然，在这种情况下已不能简单地利用递推运算求出，因为上式等号右端也含有待求量。这时必须对上式采用求解代数方程式的方法去计算。

6.6.2　微分-代数方程组的数值解法

在进行电力系统稳定分析时，整个系统的数学模型可以描述成如式（6.4）一般形式的微分-代数方程组：

$$\begin{cases} \dfrac{\mathrm{d}\boldsymbol{x}}{\mathrm{d}t} = \boldsymbol{f}(\boldsymbol{x}, \boldsymbol{y}) \\ 0 = \boldsymbol{g}(\boldsymbol{x}, \boldsymbol{y}) \end{cases} \tag{6.4}$$

我们可以采用交替求解法和联立求解法来求解该微分-代数方程组。

1. 交替求解法

在这种方法中，数值积分方法用于微分方程组，可独立地求出 $\boldsymbol{x}$，单独求解代数方程组得到 $\boldsymbol{y}$。显然，积分方法和代数方程的求解方法可以相互独立。一般情况下，$\boldsymbol{x}$ 和 $\boldsymbol{y}$ 的求解按某种指定方式交替进行。在交替求解法中，微分方程组用显式法和隐式法求解也有所不同。

已知 t 时刻的值 $\boldsymbol{x}(t)$ 和 $\boldsymbol{y}(t)$，求解 $t+\Delta t$ 的值 $\boldsymbol{x}(t+\Delta t)$ 和 $\boldsymbol{y}(t+\Delta t)$。

采用前面介绍的改进欧拉法来求解该微分-代数方程组，步骤如下：

（1）计算初始点的斜率向量

$$\boldsymbol{k_1} = \boldsymbol{f}(\boldsymbol{x}(t), \boldsymbol{y}(t)) \tag{6.5}$$

（2）计算终点 $\boldsymbol{x}(t+\Delta t)$ 和 $\boldsymbol{y}(t+\Delta t)$ 的估计值 $\boldsymbol{x}^{(0)}(t+1)$ 和 $\boldsymbol{y}^{(0)}(t+1)$

$$\boldsymbol{x}^{(0)}(t+1) = \boldsymbol{x}(t) + \Delta t \boldsymbol{k_1} \tag{6.6}$$

然后根据代数方程 $0 = \boldsymbol{g}(\boldsymbol{x}, \boldsymbol{y})$ 求出 $\boldsymbol{y}^{(0)}(t+1)$。

（3）计算终点的斜率向量

$$\boldsymbol{k_2}^{(0)} = \boldsymbol{f}(\boldsymbol{x}^{(0)}(t+\Delta t), \boldsymbol{y}^{(0)}(t+\Delta t)) \tag{6.7}$$

（4）计算微分-代数方程的解 $\boldsymbol{x}(t+\Delta t)$ 和 $\boldsymbol{y}(t+\Delta t)$

$$\boldsymbol{k} = \frac{\boldsymbol{k_1} + \boldsymbol{k_2}^{(0)}}{2} \tag{6.8}$$

$$\boldsymbol{x}(t+\Delta t) = \boldsymbol{x}(t) + \Delta t \boldsymbol{k} \tag{6.9}$$

然后根据代数方程 $0 = \boldsymbol{g}(\boldsymbol{x}, \boldsymbol{y})$ 求出 $\boldsymbol{y}(t+1)$。

用前面介绍的隐式梯形法求解微分方程组时，整个计算工作为求如下方程的联立解：

$$\begin{cases} \boldsymbol{x}(t+\Delta t) = \boldsymbol{x}(t) + \dfrac{\Delta t}{2}[\boldsymbol{f}(\boldsymbol{x}_{(t+\Delta t)}, \boldsymbol{y}_{(t+\Delta t)}) + \boldsymbol{f}(\boldsymbol{x}_{(t)}, \boldsymbol{y}_{(t)})] \\ 0 = \boldsymbol{g}(\boldsymbol{x}_{(t+\Delta t)}, \boldsymbol{y}_{(t+\Delta t)}) \end{cases} \tag{6.10}$$

对此，上述非线性方程组的交替求解步骤为：

（1）给定 $y_{(t+\Delta t)}$ 的初始估计值 $y_{(t+\Delta t)}^{(0)}$，代入上述第一式得到 $x_{(t+\Delta t)}$ 的估计值 $x_{(t+\Delta t)}^{(0)}$。

（2）将 $x_{(t+\Delta t)}^{(0)}$ 代入上述第二式，得到 $y_{(t+\Delta t)}$ 的估计修正值 $y_{(t+\Delta t)}^{(1)}$。

（3）用 $y_{(t+\Delta t)}^{(1)}$ 替换 $y_{(t+\Delta t)}^{(0)}$，返回步骤（1），继续迭代，直至收敛。

2. 联立求解法

联立求解法一般针对微分方程用隐式积分法求解的情况。其基本过程为，先用隐式积分公式将微分方程组代数化，它和代数方程组一起形成联立非线性方程组，然后联立求解此非线性方程组，即可得到所要的解。显然，这种求解方法不存在交接误差。联立求解的方法一般采用牛顿法，在求解中，为提高计算效率，应充分考虑方程的稀疏性。

6.6.3　适用于微电网的时域仿真法

时域仿真下的两类算法优缺点各异，显式算法优势在于数值求解过程容易，机时耗费较少，缺点是数值稳定性差，尤其是在求解强刚性系统时，往往要利用较小步长来保证求解的稳定性（所谓刚性方程，就是说存在两（多）重尺度，一个尺度比另外一个尺度大很多，所导致的麻烦就是在计算中很难兼顾两者）。隐式积分算法虽然需要较为繁杂的求解过程，但其具有较好的数值稳定性，允许较大的步长进行仿真，但是隐式算法在每一步迭代时会产生新的雅可比矩阵，在相同步长情况下，与显式积分算法相比其求解速度受到影响。而针对方程组（6.4）所描述的电力系统，影响系统刚性的方程在整个系统中的比例较低，甚至是极小一部分，因而求解方程组（6.4）时，若全部采用隐式积分算法进行计算，这其中会涉及雅可比矩阵的多次求解运算，并且需要的运算资源随着方程组阶次增加而显著增多，这会大大增加求解的资源与成本。为了能够充分利用两种算法各自的优势，许多学者对系统进行划分，采用了显式-隐式混合算法。

多种线性元件、非线性元件的存在会对微电网的仿真造成一定的影响，必须全面考虑其非线性特性，方能准确对微电网等效电路进行精确的电磁暂态计算。由于微电网中分布式电源内部含有大量的电力电子器件，而且其开关频率较高，针对这一部分应选择小步长进行仿真。为了提升微电网的仿真速度，首先对网络进行分块解耦，而后通过多速率仿真方法来实现微电网整体的仿真。

利用一般的电力系统算法能够完成对简单输电系统的求取，但难以在刚性比较大的空间下求解，在系统结构变化时求解困难。微电网分布式发电系统内部结构繁杂，控制手段多样，各子系统具有不同的运行速度，按照变化速率可将系统分为控制对象与受控对象两个子系统。控制系统大多是利用电力电子器件进行控制，内部的整流逆变环节均是快速变化的；分布式电源内部本身一般作为受控系统，主要涉及慢动态的机械转化和化学变化等，与控制系统相比，受控系统的变化要慢很多。随着分布式发电技术的逐步成熟，多种分布式电源可能直接并网，也可能运行在孤岛模式下，系统的结构在不同模式下切换，为了进一步在保持稳定的前提下提升计算效率，可以按照控制对象和受控对象来对快变子系统与慢变子系统进行分块，依据上述划分原则，对整体系统进行拆分，对快速子系统和慢速子系统分别采用不同的积分方法来进行求解，这就大大提升了系统的计算效率，求解方程组如式（6.11）。

$$\begin{cases} \dfrac{\mathrm{d}\boldsymbol{x}}{\mathrm{d}t}_{\text{fast}} = \boldsymbol{f}_{\text{fast}}(\boldsymbol{x},\boldsymbol{y}) \\[2mm] \dfrac{\mathrm{d}\boldsymbol{x}}{\mathrm{d}t}_{\text{slow}} = \boldsymbol{f}_{\text{slow}}(\boldsymbol{x},\boldsymbol{y}) \\[2mm] 0 = \boldsymbol{g}(\boldsymbol{x},\boldsymbol{y}) \end{cases} \tag{6.11}$$

图6-6所示为分布式发电系统并网的通用结构，分布式发电系统主要包含了典型分布式电源、内部电力电子器件以及滤波网络等。物理分布式电源与电力电子装置的区别主要在于时间尺度上，分布式电源的响应时间尺度为秒级，满足慢速动态特性，需利用大步长仿真，而电力电子器件装置时间尺度一般处于毫秒甚至微秒级，需利用小步长仿真。依据响应时间不同，对微电网系统整体进行分块，分布式电源归为慢速变化系统，可采用显式积分算法，而将电力电子装置归为快速变化系统，采用隐式积分算法进行仿真。

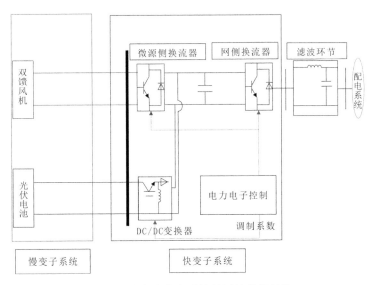

图 6-6　分布式发电系统并网的通用结构

表6.2对常见的分布式发电系统子系统的具体形式进行了划分。

表 6.2　典型分布式发电系统的分块

分布式发电系统	慢变子系统	快变子系统
光伏电池发电系统	光伏阵列（电流特性）	DC/DC 变换器及其控制系统 PWM 换流器及其控制系统
双馈风力发电系统	风机（桨距控制系统；轴系系统；空气动力系统）	机侧 PWM 换流器及其控制系统 网侧 PWM 换流器及其控制系统
微型燃气轮机发电系统	永磁电机	换流器及其控制系统
蓄电池发电系统	蓄电池（放电特性）	换流器及其控制系统

改进欧拉法作为典型显式积分方法的一种，将式（6.11）差分化可得式（6.12）所示的方程。

$$\begin{cases} X_{n+1(\text{fast})} = X_{n(\text{fast})} + \dfrac{h}{2}\left[\boldsymbol{f}_{\text{fast}}\left(X_n, U_n\right) + \boldsymbol{f}_{\text{fast}}\left(X_{n+1}, U_{n+1}\right)\right] \\[2mm] X_{n+1(\text{slow})} = X_{n(\text{slow})} + \dfrac{h}{2}\left[\boldsymbol{f}_{\text{slow}}\left(X_n, U_n\right) + \boldsymbol{f}_{\text{fast}}\left(\boldsymbol{X}_{n+1}^0, U_{n+1}\right)\right] \\[2mm] \boldsymbol{Y}U_{n+1} - \boldsymbol{I}\left(X_{n+1}, U_{n+1}\right) = 0 \end{cases} \quad (6.12)$$

式中：h 表示积分步长，下标 n、$n+1$ 分别代表了在 t_n、t_{n+1} 时刻的数值大小，$\boldsymbol{x}_{n+1}^0$ 为 t_{n+1} 的初始计算值。

对式（6.12）首先利用欧拉法或者改进欧拉法对全系统显式积分一步，这一步主要是有以下两个作用：一是利用显式算法来求解慢变子系统，对两种子系统之间的耦合元素进行显式积分，代入快变子系统利用隐式法进行求解；二是得到快变子系统电压初值，完成对状态变量的预测。快变子系统预测值完成后，就可对快变子系统利用隐式法进行校正。以一个步长内的计算流程图举例，如图6-7所示。

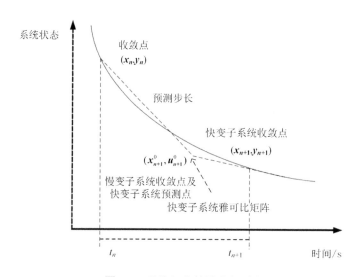

图 6-7　显隐混合算法求解过程

（1）运用改进欧拉法，来求解全系统的微分方程，得到的 $(\boldsymbol{x}_{n+1}^0, \boldsymbol{y}_{n+1}^0)$ 作为慢变子系统的显式求解收敛点，同时该点也可作为快变子系统的隐式求解下的预测点；

（2）在 $(\boldsymbol{x}_{n+1}^0, \boldsymbol{y}_{n+1}^0)$ 点处求解快变子系统生成的雅可比矩阵：

$$A_{\text{G}} = 1 - \frac{h}{2}\frac{\partial \boldsymbol{f}}{\partial \boldsymbol{X}} \quad B_{\text{G}} = -\frac{h}{2}\frac{\partial \boldsymbol{f}}{\partial \boldsymbol{U}} \quad C_{\text{G}} = -\frac{\partial \boldsymbol{I}}{\partial \boldsymbol{X}} \quad \boldsymbol{Y} = -\frac{\partial \boldsymbol{I}}{\partial \boldsymbol{U}} \quad (6.13)$$

（3）由式（6.13）求解快变子系统的代数变量和状态变量的修正量 ΔX_{n+1}^{k+1} 和 ΔV_{n+1}^{k+1}；

$$\begin{bmatrix} \boldsymbol{A} & \boldsymbol{B} \\ \boldsymbol{C} & \boldsymbol{Y}+Y_{\text{D}} \end{bmatrix} \begin{bmatrix} \Delta \boldsymbol{X}_{n+1}^{k+1} \\ \Delta \boldsymbol{V}_{n+1}^{k+1} \end{bmatrix} = - \begin{bmatrix} \boldsymbol{F}_{n+1}^{k} \\ \boldsymbol{G}_{n+1}^{k} \end{bmatrix} \quad (6.14)$$

（4）利用式（6.14）对快变子系统进行修正得出 $\boldsymbol{X}_{n+1}^{k+1}$ 和 $\boldsymbol{V}_{n+1}^{k+1}$；

$$\begin{bmatrix} \boldsymbol{X}_{n+1}^{k+1} \\ \boldsymbol{V}_{n+1}^{k+1} \end{bmatrix} = \begin{bmatrix} \boldsymbol{X}_{n+1}^{k} \\ \boldsymbol{V}_{n+1}^{k} \end{bmatrix} + \begin{bmatrix} \Delta \boldsymbol{X}_{n+1}^{k} \\ \Delta \boldsymbol{V}_{n+1}^{k} \end{bmatrix} \quad (6.15)$$

（5）若系统收敛则终止计算，若不收敛则继续重复步骤（3）。

其中：A，B，C，D，$Y+Y_D$ 描述了雅可比矩阵中的各个分块矩阵，上标 k 和 $k+1$ 分别代表了 t_{n+1} 时刻内的第 k 和 $k+1$ 次迭代；Y_D 表示并入系统内的非线性元件的导纳矩阵。

6.7　提高微电网暂态稳定性的措施

为提高微电网暂态稳定性，一般可采取以下几个方面的措施：（1）改善微电网基本元件——微电源的底层控制策略；（2）配置附加装置——储能系统；（3）设计微电网集中控制层紧急控制等。此外，学者们对暂态虚拟惯量、无缝切换技术、故障前负荷裕度分配、并联电容补偿提高第一摆稳定等提高暂态稳定性的措施也进行了研究。主要的控制措施如图6-8所示。

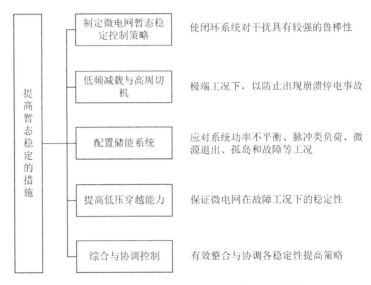

图 6-8　提高微电网暂态稳定性的主要措施

6.7.1　制定微电网暂态稳定控制策略

微电网在实际运行过程中不可避免地受到不确定性的影响，主要包括未建模动态和外界干扰两个方面。传统下垂控制、微电网稳定器控制的方式都是基于近似线性化数学模型设计，而微电网可再生能源发电高渗透率使系统运行状态变化频繁，因此设计的控制器也只能对微电网系统小干扰稳定性起到良好的控制作用，很可能无法应对微电网的大扰动工况。暂态稳定控制策略设计的目的是使闭环系统对干扰具有较强的鲁棒性。为此，有学者在虚拟同步逆变器框架下，基于自适应反步法设计了微电网非线性控制器，可有效应对系统中未建模动态和保证大信号稳定，该控制器适用于并网和离网运行，无须孤岛检测。此外，学者们针对微电网已相继发展非线性合作下垂控制、约束势能函数、分散式鲁棒控制、模糊逻辑控制器等非线性控制策略，这些控制策略均能在一起程度提高微电网暂态稳定性能。

6.7.2　提高低压穿越能力

为保证微电网在故障工况下的稳定性，其中一个最为重要的要求是保证微电源在故障期间保持并网连续运行。与传统大电网相比，微电网的弱电网本质对发电单元的低电压穿越能力要求更为严格。为此，有学者针对弱电网的故障管理，提出了适用于含双馈风电机组孤岛微电网的暂态稳定控制策略。风电机组可控变量较多，实际应用中可通过故障电网条件下改进锁相、改进励磁控制、采用端电压支撑装置、类 Crowbar 电路和快速变桨调节等综合提高其低电压穿越能力。针对电力电子变换器微源，部分学者提出了改进的避免限流器闭锁和控制器饱和的电流和电压限制策略、负序下垂控制等适用于微电网的平衡或不平衡电压跌落的低电压穿越策略。然而，目前该方面研究刚处于兴起阶段，亟待深入研究。

6.7.3　配置储能系统

在应对系统功率不平衡、脉冲类负荷、微源退出、孤岛和故障等工况，配置的储能系统能够快速注入有功和无功，保证微电网暂态稳定性。一般地，为优化利用储能系统、提高使用寿命，当稳定微电网短时间尺度的暂态功率波动时，应优先采用超级电容器等功率型储能系统。支撑微电网暂态稳定的储能系统常采用图6-9所示的电网支持型控制策略。

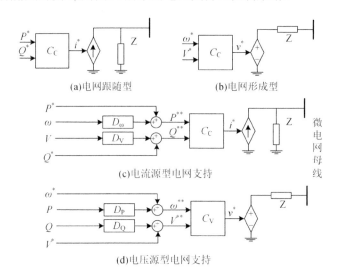

图 6-9　电网支持型控制策略

6.7.4　低频减载与高周切机

在极端大扰动工况下，集中控制层微电网中央控制器（Microgrid Central Controller，MGCC）需快速执行低频减载或高周切机措施，以防止微电网出现崩溃停电事故。在离网运行时，微电网低频减载需根据负荷的重要程度和等级，依次切除相应分散负荷，并确保足够的可切负荷量。微电网由于突然损失机组导致的功率不平衡以及为达到功率平衡进行的负荷减载对时间的要求非常严格。基于扰动的集中切负荷方法和基于响应的分散切负荷方法都是解决功率缺额的有效控制措施。前者主要是针对具体的扰动形式采取的紧急控制措施，属于第二道防线的范畴；后者是根据系统的频率变化等变量采取的紧急控制措施，属于第三道防线的范畴。实际应用中，由于孤岛微电网抗干扰能力较弱，若采取基于频率响应的控制措施，很容易误切负荷，定值也难以整定，因此应优先采用基于扰动的集中切负荷方法。

当微电网突然损失大量负荷且系统的备用容量较小时，系统可能出现高周甚至频率失稳，为此可采取切机措施来维持频率稳定。当 MGCC 检测到系统频率超过阈值并超过一定时间后，分轮次切除部分机组。切机对象主要针对光伏、风电机组等间歇式新能源，考虑风机存在启停次数约束，应按照先光伏后风电的优先关系。

6.7.5　综合与协调控制

微电网大干扰暂态稳定性提高措施的控制对象包括微电源、储能和负荷等，其控制和动态特性的差异要求稳定控制策略之间的综合与协调。综合与协调控制策略根据频率和电压等关键指标，根据各控制手段的响应速度和控制效应分层分区协调，可有效整合与协调各稳定性提高策略，从而有效保证微电网的安全稳定运行。

为提高微电网在故障触发孤岛及微电网内部故障下的暂态稳定性，文献 [8] 给出了改进协调电压控制策略；该研究表明，提出的协调控制策略能够同步协调并联电容器组、有载调压开关、柴油发电机组、光伏发电系统等具有不同响应速度的元件，以实现大扰动过程中的无功功率优化管理。文献 [9] 提出了短路故障过程中用于增强故障穿越能力的超导故障电流限制器以及方向过电流/差动保护装置的协调控制方法。

针对含储能系统、柴油发电机组和风力发电机组多类型微电源的自治中压微电网，文献 [10] 分别研究了频率、电压分区协调稳定控制策略。提出的控制架构根据微电网系统频率/关键母线电压指标，将系统运行区域划分成频率/电压稳定区、预警区和紧急区。在预警区中，MGCC 执行频率/电压预警区预防控制策略，利用储能系统或电力电子类微源快速响应特性，缓冲短时间尺度内由于源荷功率波动导致的频率/电压波动问题。当微电网在大扰动工况下，系统频率/电压若不能得到预警区预防控制策略的有效控制而进入紧急区，MGCC 将立即执行紧急区预防控制策略，轮次低频减载和高周切机，以避免微电网系统崩溃。

此外，有学者针对微电网运行模式暂态切换控制，提出了微电网集中层中央控制器与就地层模式控制器协调的暂态分层控制策略。提出的控制系统基于 IEC61850 通信协议的采样值/通用面向对象变电站事件（GOOSE/SV）等高实时性通信架构，通过对微电网关键电气量（系统频率、网络电压、电流和储能系统 SOC 等）的快速采集、计算和分析，实时判别微电网系统运行状态，在暂态过程快速调节微源出力和切换运行模式，以实现并网、解列/孤岛模式的无缝切换。

6.8　算例分析

本节以欧盟在微电网研究项目 "Microgrids" 提出的典型低压微电网结构（见图6-10）为算例，采用显隐式混合积分法进对该算例进行时域仿真，观察该微电网在从并网运行转入孤岛运行时，系统各参量的变化，进而进行暂态稳定性分析。系统中可配置多种线路与负荷类型，以及多种形式的分布式电源，充分体现了微电网结构与运行的复杂性，可在此基础上构建分布式电源暂态特性及含多个分布式电源的微电网协调控制等方面研究的仿真平台，参数如表6.3所示。

表 6.3　算例参数

结构	参数（阻抗单位为 Ω / km）
变压器	20 kV/0.4 kV,Dyn11,50 Hz,400 kV·A,$u_k\% = 4\%$,$r_k\% = 1\%$
线型 1	$(4 \times 120\ mm^2 Al)$,$R_{ph} = 0.284$,$X_{ph} = 0.083$,$R_0 = 1.136$,$X_0 = 0.417$
线型 2	$(4 \times 6\ mm^2 Cu)$,$R_{ph} = 3.690$,$X_{ph} = 0.094$,$R_0 = 13.64$,$X_0 = 0.472$
线型 3	$(3 \times 70\ mm^2 Al + 54.6\ AAAC)$,$R_{ph} = 0.497$,$X_{ph} = 0.086$,$R_{neutral} = 0.630$,$R_0 = 2.387$,$X_0 = 0.447$
线型 4	$(3 \times 50\ mm^2 Al + 35\ mm^2 Cu)$,$R_{ph} = 0.822$,$X_{ph} = 0.077$,$R_{neutral} = 0.524$,$R_0 = 2.04$,$X_0 = 0.421$
线型 5	$(4 \times 25\ mm^2 Cu$,$R_{ph} = 0.871$,$X_{ph} = 0.081$,$R_0 = 3.48$,$X_0 = 0.409$
负荷 1	$P = 3.0/3.0/3.0\ kW$,$Q = 0.33/0.33/0.33\ kvar$
负荷 2	$P = 3.0/3.0/3.0\ kW$,$Q = 0.33/0.33/0.33\ kvar$
负荷 3	$P = 3.33/3.33/3.33\ kW$,$Q = 0/0/0\ kvar$
负荷 4	$P = 3.33/3.33/3.33\ kW$,$Q = 2.066/2.066/2.066\ kvar$
负荷 5	$P = 6.0/3.0/6.0\ kW$,$Q = 2.906/1.453/2.906\ kvar$

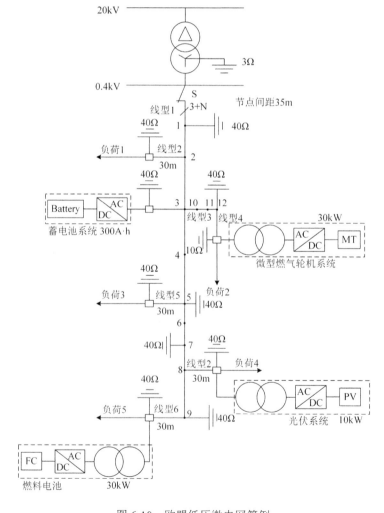

图 6-10　欧盟低压微电网算例

　　对算例进行分析时，分别对光伏发电单元、燃料电池发电单元、微型燃气轮机发电单元和蓄电池储能单元仿真建模，并将这 3 种分布式电源按图6-10所示位置分别接入微电网系统中。其中，光伏发电单元容量为 10 kW，电源进行最大功率点跟踪（MPPT）控制，采用单级拓扑结构并网；燃料电池发电单元容量为 30 kW，电池模型选取适于暂态研究的详细模型，通过 Boost 升压电路和逆变器双级结构并网；微型燃气轮机发电单元容量为 30 kW，采用单轴形式，机端出口高频交流电经过整流器和逆变器进行交直交的变换；蓄电池单元容量设定为 300 A·h，采用下垂控制，并网运行时输出功率控制为零。

　　微电网系统中，燃料电池和微型燃气轮机的有功输出分别控制在 30 kW 和 15 kW，无功功率控制在 0 kvar，光伏系统采用 MPPT 控制，无功功率也同样控制在 0 kvar，蓄电池在并网运行时不输出功率，孤岛运行时进行下垂控制。考虑并网运行的微电网系统 8 s 时在微电网系统由并网运行转入孤岛运行，仿真的总时间为 10 s。采用 Matlab / SimPowerSystems 对该算例进行仿真计算，如图6-11至图6-15所示，Matlab / SimPowerSystems 采用了变步长的 ODE23t 算法，同时为了加快程序的计算速度，这里采用了加速器（Accelerator）模式，仿真步长为 2.5 μs，程序设置每 200 个步长（即 500 μs）输出一次结果。

　　从图6-11至图6-15的仿真结果可以看出，整个微电网系统在 7 s 左右达到系统的稳态运行点，此时燃料电池发电单元及微型燃气轮机发电单元分别实现了 30 kW 和 15 kW 的恒功率控制，光伏发电单元在 MPPT 控制下也实现了 10 kW 的最大功率输出，蓄电池不输出功率。当系统在 8 s 联络开关断开，进入孤岛运行时，蓄电池成为调节电压和频率的主控电源，维持微电网内的功率平衡。微电网在转入孤岛运行状态后，在蓄电池下垂调节下，系统频率略微降低，仍能维持系统在失去外部电网支撑时的正常运行。

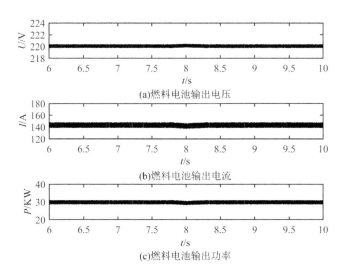

图 6-11　燃料电池仿真曲线

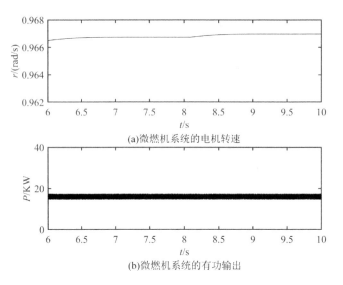

(a)微燃机系统的电机转速

(b)微燃机系统的有功输出

图 6-12   微燃机系统仿真曲线

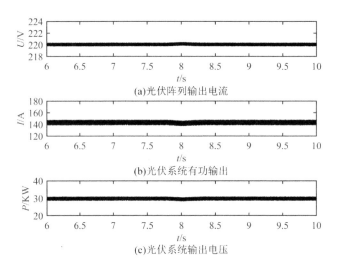

(a)光伏阵列输出电流

(b)光伏系统有功输出

(c)光伏系统输出电压

图 6-13   光伏系统仿真曲线

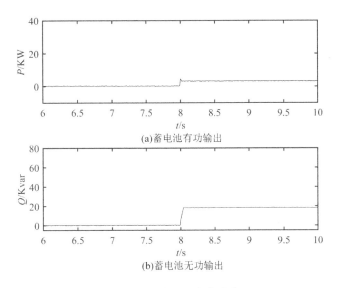

(a)蓄电池有功输出

(b)蓄电池无功输出

图 6-14 蓄电池仿真曲线

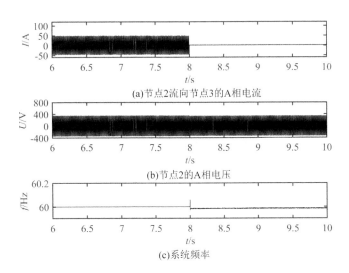

(a)节点2流向节点3的A相电流

(b)节点2的A相电压

(c)系统频率

图 6-15 微电网仿真曲线

6.9 总 结

  本章对微电网暂态稳定性进行了介绍。首先对比了微电网等电力电子化电力系统与传统电力系统在暂态稳定性方面的不同,总结了微电网暂态稳定性的影响因素;随后介绍微电网暂态稳定性的研究方法,包括时域仿真法、直接法和人工智能法等,并详细介绍了基于时域仿真法的暂态稳定性分析方法;接着归纳了提高微电网暂态稳定性的常见方法;最后,采用时域仿真法,以欧盟在微电网研究项目 "Microgrids" 提出的典型低压微电网结构为算例进行了分析。

参考文献

1. Katiraei F, Iravani M R, Lehn P W. Micro-grid autonomous operation during and subsequent to islanding process[J]. IEEE Transactions on Power Delivery, 2005, 20(1): 248-257.

2. Sedghisigarchi K, Feliachi A. Dynamic and transient analysis of power distribution systems with fuel cells-part II: control and stability enhancement[J]. IEEE Transactions on Energy Conversion, 2004, 19(2): 429-434.

3. 赵卓立, 杨苹, 蔡泽祥, 等. 含风电孤立中压微电网暂态电压稳定协同控制策略 [J]. 电力自动化设备, 2015, 35(10): 1-9.

4. 肖朝霞. 微网控制及运行特性分析 [D]. 天津: 天津大学, 2009.

5. Alaboudy A H K, Zeineldin H H, Kirtley J. Microgrid stability characterization subsequent to fault-triggered islanding incidents[J]. IEEE Transactions on Power Delivery, 2012, 27(2): 658-669.

6. Mohamed A, Salehi V, Mohammed O. Real-time energy management algorithm for mitigation of pulse loads in hybrid microgrids[J]. IEEE Transactions on Smart Grid, 2012, 3(4): 1911-1922.

7. 伍声宇, 张雪敏, 梅生伟. 公共直流母线供电的变频调速系统稳定域 [J]. 电机与控制学报, 2011, 15(2): 7-12.

8. Alobeidli K A, Syed M H, El Moursi M S, et al. Novel coordinated voltage control for hybrid micro-grid with islanding capability[J]. IEEE Transactions on Smart Grid, 2015, 6(3): 1116-1127.

9. He H, Chen L, Yin T, et al. Application of a SFCL for fault ride-through capability enhancement of DG in a microgrid system and relay protection coordination[J]. IEEE Transactions on Applied Superconductivity, 2016, 26(7): 1-8.

10. Zhao Z, Yang P, Guerrero J M, et al. Multiple-time-scales hierarchical frequency stability control strategy of medium-voltage isolated microgrid[J]. IEEE Transactions on Power Electronics, 2016, 31(8): 5974-5991.

11. Andrade F, Kampouropoulos K, Romeral L, et al. Study of large-signal stability of an inverter-based generator using a Lyapunov function[C]//IECON 2014-40th Annual Conference of the IEEE Industrial Electronics Society, 2014.

12. 朱蜀, 刘开培, 秦亮, 等. 电力电子化电力系统暂态稳定性分析综述 [J]. 中国电机工程学报, 2017, 37(14): 3948-3962+4273.

13. 李鹏, 王成山, 黄碧斌, 等. 分布式发电微网系统暂态时域仿真方法研究-(三) 算例实现与仿真验证 [J]. 电力自动化设备, 2013, 33(04): 35-43.

14. 杨俊鹏. 微电网的暂态建模与仿真 [D]. 天津大学, 2017.

第 7 章　微电网随机稳定性分析

7.1　概　述

当前，随着环境和能源问题的日趋严峻，节能减排的压力日渐增大，可再生能源发电因此得到了世界各个国家和地区的极大重视，其中，风力发电因其较为成熟和灵活的技术与较强的经济性已经成为发展最迅速的可再生能源发电方式。然而，风电的大规模集中接入也给电力系统稳定带来许多新问题，尤以对小干扰稳定的影响最为突出。含风电的微电网系统小干扰稳定问题主要包括因同步化机械转矩不平衡或电压失稳引起的静态稳定问题和因阻尼转矩不足导致的动态稳定问题。而风电接入给电力系统小干扰稳定带来的新问题主要来自两个方面：一是风电机组不同于传统同步机组的自身结构、工作原理、控制策略及联网方式；二是风速不确定性导致风电功率的随机波动，其中风速的不确定性具体又可以分为风速时刻变化所带来的波动性以及风速初始状态的随机性。风电大规模集中接入使得风电功率具有随机波动特性，其对微电网系统小干扰稳定带来的影响不容忽视。同时也大大增加了分析小干扰稳定的难度。而保证微电网系统在小扰动下的稳定是安全运行的基本要求，因此研究考虑风电随机波动特性下的微电网系统小干扰随机稳定问题具有重大的理论和社会意义。

在小干扰稳定性分析方法方面，国内外已经形成了一整套基于常微分方程和李雅普诺夫稳定性分析方法的成熟理论，包括时域仿真法、特征值分析法等。随着风力发电的大规模接入，针对风机不同于常规同步发电机的本征结构改变和风电功率的随机波动性对电力系统稳定性的影响，传统的稳定性分析理论也在相应地发展。我们将现有针对风电接入系统的稳定性研究分为两大类：一类是针对风电机组本征结构进行动态建模研究；另一类是考虑风电功率随机波动性的系统稳定机理和分析方法研究。本章针对第二类问题展开研究，借鉴已有的风电机组动态建模成果，着重探讨随机波动的风电功率对系统稳定性的影响，以随机微分方程建立系统动态方程作为突破口，研究随机理论下的电力系统小扰动稳定机理及分析方法。

7.2　随机稳定分析理论

7.2.1　随机微分方程发展与应用

在生产实践中，常微分方程（ODE）很早就产生，如伽利略的自由落体运动、对数的发明以及物理学中都需要建立微分方程。17 世纪 70 年代，牛顿和莱布尼兹建立微积分的思想，使得常微分方程的理论得到迅速发展。常微分方程主要解决的是确定性的问题，随着科学技术的快速发展，许多不确定的因素在现实生活中层出不穷，如金融经济中的期权定价问题、人口增长问题、信号系统等，客观世界中随机现象已经不能被忽视。因此，很多学者在建立数学模型时，就要把不确定的因素加以考虑，于是随机微分方程开始得到研究和发展。

在现实中的具体情况要考虑的不确定因素很多。比如我们所熟知的金融领域，研究股票的价格就需要考虑很多的不确定因素，这也带来了很多的困难。早在 1900 年，巴舍利耶就曾尝试着研究巴黎证券交易所的股票价格，而他当时所利用的工具就是维纳过程，它是一种经典的随机过程，这也是随机过程最早的一种应用。那么，随着科技的日益发展，各类系统之中的不确定、不稳定因素也越发地凸显了它的重要性，可以预见，如果这类不确定因素得不到有效的解决，那么会严重阻碍我们的科技进步。人们认为随机过程在解决实际问题中有着重要的意义，所以关于它的研究也就越发的迫切与深入，这也催生了概率论的一个新分支的诞生——随机分析。

在概率论关于随机分析领域的发展历史上，我们不得不提的两个人物是维纳和伊藤。1923 年，维纳从数学意义上深刻地研究了布朗运动，并首次提出了随机函数的概念以及它的严格数学定义。维纳在这方面的研究是开创性的，他开辟概率方向的一个全新的领域，揭示了概率论与其他学科之间的联系。1944 年，伊藤在研究布朗运动的时候，创造性地引进随机积分这个概念，进而创建了随机微积分。1951 年，伊藤在关于布朗运动的研究文献 [1] 中，伊藤为了解释这种伴随着偶然因素发生的自然现象，提出了著名伊藤的公式，也就是随机链式法则，是随机分析学中重要的基础定理。

$$\mathrm{d}X_t = a(t, X_t)\mathrm{d}t + b(t, X_t)\mathrm{d}W_t, X\,|_{t=0} = X_0,\, t \geqslant 0 \tag{7.1}$$

式中 W_t 是布朗运动。该公式对随机微分方程的发展具有重要意义，之后国外的 Mao[2]、Boukas[3] 和国内胡达宣 [4]、吴付科 [5] 等学者展开对随机微分方程的研究与应用。

在实际中我们所考虑的随机微分方程，是由随机过程组成的微分系统。对于这一种微分系统，我们通常假设它的随机过程是维纳过程，也就是布朗运动。1923 年，维纳本人系统地研究了布朗运动，并给出了他自己详细的研究成果，随着时间的推移，1944 年定义了与之相应的伊藤积分。理论与实践的双重需要，使得人们更加深入地研究随机微分方程，从而加速了这门学科的飞速发展。随机微分方程在现代科技中有着广泛的应用，它能研究的领域已经远远超出人们的想象，比如文献 [6]~[8] 中涵盖的金融行业、机械生产、电网行业等。在这些领域中，随机微分方程稳定性理论的研究，正如同确定性常微分方程稳定性理论的研究一样，是研究它的定性理论的一个重要方面，无论对于基础理论的研究，还是应用技术的研究，都具有十分重要的意义。

7.2.2　随机过程

随机微分方程是关于随机函数的微分方程，而随机函数就是一般意义上的随机过程。"过程"形象地描述了系统状态随时间推移的动态特征。在《随机数学》中，有关于随机过程的详尽描述，本书只简单介绍其基本概念。

定义 7.1　设 (Ω, φ, P) 是一个概率空间，T 是一个实数集。$\{X(t, T), t \in T, \omega \in \Omega\}$ (是对应于 t 和 ω 的函数) 为定义在 T 和 Ω 上的二元函数，若此函数对任意固定的 $t \in T$,$X(\omega, t)$ 是 (Ω, φ, P) 上随机变量，则称 $\{X(t, T), t \in T, \omega \in \Omega\}$ 是随机过程。

随机过程可简记为 $\{X(t), t \in T\}$,也简记为 $X(t)$ 或者 X_t,这也是为了突出过程是 t 的函数，当 t 固定时，其为随机变量，即是在 t 时刻状态（截口）。

$\{X(t), t \in T\}$ 在每一 $t \in T$ 状态是一个随机变量，其数学期望和方差都是依赖于参数 t 的函数，分别称为随机过程期望与方差。

$X(t)$ 的均值（函数）为

$$m_x(t) = EX(t) = \int_{-\infty}^{+\infty} x \mathrm{d}F(x,t), \ t \in T \tag{7.2}$$

式中：$F(x,t)$ 是过程一维分布。

特别地，对于

$$m_x(t) = \int_{-\infty}^{+\infty} x \mathrm{d}f(x,t)$$

式中：$f(x,t)$ 为连续分布，$m_t(t)$ 表示 $X(t)$ 所有样本函数在 t 时的理论平均值，则 $m_t(t)$ 是一条固定曲线，且样本曲线绕 $m_t(t)$ 曲线上下波动。

$X(t)$ 的方差（函数）为

$$D_x(t) = D(X(t)) = E[X(t) - m_x(t)]^2, \ t \in T$$

$X(t)$ 的标准差为

$$\sigma_x(t) = \sqrt{D_x(t)} = \sqrt{DX(t)} \tag{7.3}$$

它们描绘了样本曲线在各个 t 时刻对 $m_t(t)$ 的分散程度。

$X(t)$ 的均方差为

$$\psi_X(t) = EX^2(t) \tag{7.4}$$

易知

$$DX(t) = EX^2(t) - m_X^2(t) = \psi_X(t) - m_X^2(t) \tag{7.5}$$

随机过程 $X(t)$ 的（自）协方差函数（$X(t_1)$ 与 $X(t_2)$ 的协方差）为

$$\begin{aligned} C_X(t_1,t_2) &= \mathrm{cov}(X(t_1), X(t_2)) \\ &= E[X(t_1) - m_X(t_1)][X(t_2) - m_X(t_2)] \end{aligned} \tag{7.6}$$

它的绝对值大小表示两个过程在时刻 t_1、t_2 状态下的线性密切程度。

协方差可以表示为

$$C_X(t_1,t_2) = E[X(t_1)X(t_2)] - EX(t_1)EX(t_2) \tag{7.7}$$

随机过程 $X(t)$ 的（自）相关函数为

$$R_X(t_1,t_2) = E[X(t_1), X(t_2)] \tag{7.8}$$

连续型情形

$$\begin{aligned} C_X(t_1,t_2) &= \int_{-\infty}^{+\infty} \int_{-\infty}^{+\infty} x_1 x_2 f(x_1,x_2;t_1,t_2) \mathrm{d}x_1 \mathrm{d}x_2 \\ R_X(t_1,t_2) &= \int_{-\infty}^{+\infty} \int_{-\infty}^{+\infty} x_1 x_2 f(x_1,x_2;t_1,t_2) \mathrm{d}x_1 x_2 \end{aligned} \tag{7.9}$$

$C_X(t_1,t_2)$ 与 $R_X(t_1,t_2)$ 的关系为

$$C_X(t_1,t_2) = R_X(t_1,t_2) - m_X(t_1)m_X(t_2) \tag{7.10}$$

特别地，当 $m_X(t) = 0$ 时有

$$C_X(t_1, t_2) = R_X(t_1, t_2) \tag{7.11}$$

在 $C_X(t_1, t_2)$ 中，取 $t_1 = t_2 = t$ 有

$$C_X(t, t) = E[X(t) - m_X(t)]^2 = DX(t) = D_X(t) \tag{7.12}$$

1918 年，维纳对布朗运动建立了数学模型，并深入研究了它的一些性质，因此布朗运动也被称为维纳过程，它奠定了以后随机学的基础。

定义 7.2 设 $\{w_t : t \in R_+\}$ 是 m 维实值随机过程，它满足以下条件：

（1）$w_0 = 0, a.s.$；

（2）正态性：若 $0 \leqslant s < t < \infty$，则 $w_t - w_s \sim N(0, \sigma^2(t - s))$，$\sigma^2 \in R^{m \times m}$ 是正定矩阵；

（3）增量独立性：$\{w_t : t \in R^+\}$ 是平稳的独立增量过程。

则称 w_t 是一个 m 维布朗运动或者维纳过程；当 $\sigma^2 = I$ 为单位矩阵时，称 w_t 为 m 维标准布朗运动。

在实际过程中，并不排除使用非标准布朗运动，但是使用标准布朗运动的好处在于，它能够使相关公式达到最大的简化。而对于非标准的布朗运动，总可以经线性变换为标准布朗运动，所以以后提到的布朗运动，未加说明均指标准布朗运动。

布朗运动已经不再是仅仅研究最初的布朗粒子运动了，它已经拓展到很多领域。比如在现代金融领域中的应用，研究股票价格波动等。对于简单布朗运动，依据 Matlab 对其过程进行模拟，本节给出了在区间 $[0, 1000]$ 上的一条布朗运动轨迹，如图7-1所示。

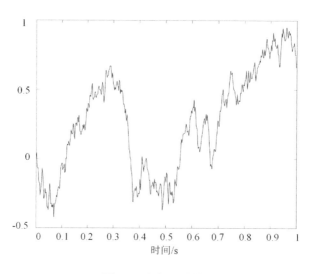

图 7-1　布朗运动轨迹

在实际问题中，我们会得到很多条不同的布朗运动轨道，为了后续计算以及应用的需要，我们可以求出这些轨道的一个平均值，给出一条平均轨道。

接下来介绍马尔科夫过程。它在实际中也有着广泛的应用，同时由于随机微分方程的解即是马尔科夫过程，这就决定了它的理论重要性，所以关于它的理论研究材料非常多，也很详细，

在这里我们只是给出一般定义。

定义 7.3　设 $(E, \wp)$ 是可测空间，称函数

$$P(s,x,t,A)(s \leqslant t, t \in T, x \in E, A \in \wp) \tag{7.13}$$

为 $(E, \wp)$ 上的转移函数（简称转移函数），如果

（1）对任意的固定 s，t，x，$P(s,x,t,\cdot)$ 是 $\wp$ 上的测度，且 $P(s,x,t,E)=1$;

（2）对任意的固定 s，t，x，$P(s,\cdot,t,A)$ 是 $\wp$ 可测函数，且 $P(s,x,s,A)=\chi_A(x)$;

（3）满足 Chapman-Kolmogorov 方程（简称 C-K 方程），即对任意 $s \leqslant u \leqslant t, s,u,t \in T, x \in E, A \in \wp$, 有

$$P(s,x,t,A) = \int_E P(s,x,u,\mathrm{d}y)P(u,y,t,A) \tag{7.14}$$

定义 7.4　设 $\{X(t), t \in T\}$ 是 (Ω, φ, P) 上的适应于 $(\varphi_t, t \in T)$ 的以 $(E, \wp)$ 为状态空间的随机过程，$P(s,x,t,A)$ 是 $(E, \wp)$ 上的转移函数。如果

$$E(f(X(u))|\varphi_t) = (P_{t,u}f)(X(t)), t \leqslant u, t,u \in T$$
$$(P_{t,u}f)(x) \triangleq \int_E P(t,x,u,\mathrm{d}y)f(y) \tag{7.15}$$

则称 $\{X(t), t \in T\}$ 是关于 $(\varphi_t, t \in T)$ 的以 $P(s,x,t,A)$ 为转移函数的马尔科夫过程或称 $\{X(t), t \in T\}$ 是关于 $(\varphi_t, t \in T)$ 规则的马尔科夫过程。

设 $\{X(t), t \in T\}$ 是 (Ω, φ, P) 上的以 $(E, \wp)$ 为状态空间的随机过程，则下列表述等价：

（1）$\{X(t), t \in T\}$ 是马尔科夫过程；

（2）对于任何正整数 n, 任何 $t_1 < t_2 < \cdots < t_n < u, t_1, t_2, \cdots, t_n, u \in T$, 及任何 $(E, \wp)$, 都有

$$P(X(u) \in \wedge |X(t_1), x(t_2), \cdots, X(t_n)) = P(X(u) \in |X(t_n)) \tag{7.16}$$

（3）对于任何正整数 n, 任何 $t_1 < t_2 < \cdots < t_n < u, t_1, t_2, \cdots, t_n, u \in T$, 及任何 $f \in b\wp$, 都有

$$E(f(X(u))|X(t_1), X(t_2), \cdots, X(t_n)) = E(f(X(u))|X(t_n)) \tag{7.17}$$

马尔科夫过程的直观解释是，在给定状态 X_s 的条件下，系统未来的状态 $X_t(t > s)$ 不依赖于系统的过去状态 $X_r(r < s)$。也就是说过程的历史已经反映到了现在，在判断未来时已无须考虑了。

7.2.3　随机积分

随机微分方程式是由随机积分形式转化而来的，那么研究随机积分就显得十分必要。当伊藤对此做出大量工作以后，随机分析学的时代正式到来。本书该节就介绍随机积分，可以看到它与传统的积分是不一样的，但是二者之间又有一些相似之处。

在数学分析中，有关于一般意义的积分定义，简单来说，积分

$$\int_0^T H(t)\mathrm{d}t$$

可以通过黎曼和

$$\sum_{j=0}^{N-1} H(t_j)(t_{j+1} - t_j)$$

来近似，取黎曼和的极限来定义积分。用类似的方法，我们考虑形如式 (7.18) 形式的黎曼和，

$$\sum_{j=0}^{N-1} H(t_j)(W(t_{j+1}) - W(t_j)) \tag{7.18}$$

式 (7.18) 被认为是式 (7.19) 的近似，式 (7.19) 是随机积分，这里对 H 求积分，是关于布朗运动的，即被认为是伊藤积分。

$$\int_0^T H(t) \mathrm{d}W(t) \tag{7.19}$$

具体地，下列随机积分是由伊藤给出的。令

$$\chi_{[a,b]}(t) = \begin{cases} 1, & a \leqslant t \leqslant b \\ 0, & \text{其他} \end{cases} \tag{7.20}$$

是区间 $[a,b]$ 的示性函数。对于 $0 \leqslant a < b \leqslant T$，定义

$$\int_0^T \chi_{[a,b]}(t) \mathrm{d}w(t) = w(b) - w(a) \tag{7.21}$$

如果 $f(t)$ 是 $[0,T]$ 上的阶梯函数，那么

$$f(t) = \sum_{k=0}^{m-1} f(t_k) \chi[t_k, t_{k+1}](t) \tag{7.22}$$

式中：$0 = t_0 < t_1 < \cdots < t_m = b$。定义

$$\int_0^T f(t) \mathrm{d}w(t) = \sum_{k=0}^{m-1} f(t_k)[w(t_{k+1}) - w(t_k)] \tag{7.23}$$

函数 $f(t)$ 可以是随机函数。例如 $f(t)$ 可以是 $w(t)$ 的函数。在后一种情况下，$f(t)$ 与增量 $w(t_{k+1}) - w(t_k)$ 独立。对所有 $s > 0$，与增量 $w(t+s) - w(t)$ 独立的函数 $f(t)$ 称为非可料函数，它统计地依赖于 $w(u)(u \leqslant t)$。从而对于非可料阶梯函数 $f(t)$，积分

$$\int_0^T f(s) \mathrm{d}w(s)$$

也是非可料函数。以后假设随机阶梯函数 $f(t)$ 的跳跃在非随机时刻 t_k 出现。

我们有下列随机积分的简单性质。令 f 和 g 是两个非可料阶梯函数，c 为任意常数，那么：

(1)

$$\int_0^T [f(t) + g(t)] \mathrm{d}w(t) = \int_0^T f(t) \mathrm{d}w(t) + \int_0^T g(t) \mathrm{d}w(t)$$

(2)

$$\int_0^T cf(t) \mathrm{d}w(t) = c \int_0^T f(t) \mathrm{d}w(t) = c$$

如果 f 和 g 满足

$$\int_0^T (Ef^2 + Eg^2) \mathrm{d}t < \infty \tag{7.24}$$

那么有

$$E\left[\int_0^T f(t) \mathrm{d}w(t)\right] = 0$$

$$E\left[\int_0^T f(t) \mathrm{d}w(t) \int_0^T g(t) \mathrm{d}w(t)\right] = \int_0^T Ef(t)g(t) \mathrm{d}w(t) \tag{7.25}$$

令所有非可料函数 $f(t)$ 且使得

$$\int_0^T E f^2(t) \mathrm{d}t < \infty \tag{7.26}$$

所组成的类用 $H_2[0,T]$ 表示。那么对于 $H_2[a,b]$ 中任意的函数 $f(t)$，必存在阶梯函数序列 $\{g_n(t)\}$ 使得当 $n \to \infty$ 时，有

$$\int_0^T |f(t) - g_n(t)|^2 \mathrm{d}t \to 0, \ a.e \tag{7.27}$$

而且当 $n \to \infty$ 时，对于 $t \in [0,T]$，存在 $L(t)$，使得下式几乎处处一致成立：

$$G(s) = \int_0^T g_n(s) \mathrm{d}w(s) \to L(t) \tag{7.28}$$

则我们有如下定义

$$F(s) = \int_0^t f(s) \mathrm{d}w(s) = L(t)(0 \leqslant t \leqslant T) \tag{7.29}$$

此为伊藤积分。因为对于每一 n，$G(s)$ 是连续的。且式中的收敛一致收敛，所以积分 $F(s)$ 是 t 的几乎处处连续函数。此积分与逼近序列 $\{g_n(t)\}$ 无关。

如果 $f(t)$ 是确定的光滑函数，积分 $F(t)$ 是斯蒂尔特杰斯积分，因而

$$\int_a^b f(t) \mathrm{d}w(t) \overset{a.s}{=} f(b)w(b) - f(a)w(a) - \int_a^b w(t)f'(t)\mathrm{d}t \tag{7.30}$$

伊藤积分的性质与熟知的黎曼积分的性质有很大的区别。比如伊藤积分

$$\int_a^b w(t) \mathrm{d}w(t) = \frac{1}{2}[w^2(b) - w^2(a)] - \frac{1}{2}(b - a) \tag{7.31}$$

这个等式明显不同于我们以前所学习的数学积分中的结果，它多出了后边的与 a、b 相关的常数项，这个修正项，它是我们所需要的，只有这样才可以确定伊藤积分是个鞍。

7.2.4　随机微分

在数学分析中，我们已经了解到微分与积分事实上是相互联系的，二者密不可分。同样地，随机微分和随机积分也是这种关系。由于随机函数的不可定义，也就不能定义随机微分，我们只是形式地借用随机积分转化为随机微分。但是，当伊藤给出了随机链式法则以后，我们知道随机微分已经不仅仅只是形式上的方程，而是可以极其方便地被应用于实际中了。

令 f、g 是 $H_2[t_0,T]$ 中函数，$x(t)$ 是随机过程，且满足

$$x(t) = x(t_0) + \int_{t_0}^t f(s,x(s))\mathrm{d}s + \int_{t_0}^t g(s,x(s))\mathrm{d}w(s), \ t \in J = [t_0,T] \tag{7.32}$$

则称 $x(t)$ 具有随机微分

$$\mathrm{d}x(t) = f(t,x(t))\mathrm{d}t + g(t,x(t))\mathrm{d}w(t) \tag{7.33}$$

例如，如果 $x(t) = w^2(t)$，那么由伊藤积分有

$$w^2(t) - w^2(t_0) = 2\int_{t_0}^t w(t)\mathrm{d}w(t) + \int_{t_0}^t 1\mathrm{d}t \tag{7.34}$$

因而 $\mathrm{d}w^2(t) = 1\mathrm{d}t + 2w(t)\mathrm{d}w(t)$，这样 $f = 1$，$g = 2w(t)$。

7.2.5 随机微分方程

在数值仿真和自然现象的预测中,对概率统计方法的应用越来越重视。其根本原因在于,这些问题、系统中都有着某种不确定性、随机性,这都为问题的研究带来了困难,人们自然地想到了利用概率论方面的知识来解决。但是,传统的概率论知识又不能够很好地解决这些问题,人们自然地想到了随机微分方程。现在介绍随机微分方程。在最初我们会认为它是常微分方程的某种推广,这种认识会有助于我们理解随机微分方程的一些理论。

常微分方程的一般形式为

$$dx(t) = f(t, x(t))dt \tag{7.35}$$

加入随机项,把它变成下面的随机微分方程

$$dx(t) = f(t, x(t))dt + g(t, x(t))dw(t) \tag{7.36}$$

它是由伊藤随机积分

$$x(t) = x(t_0) + \int_{t_0}^{t} f(s, x(s))ds + \int_{t_0}^{t} g(s, x(s))ds \tag{7.37}$$

定义的。

随机微分方程的解与一般微分方程不一样,它有强解和弱解的区别。强解与确定性微分方程的解相似,在得到各项系数以及随机微分项时,确定一个过程使之满足方程。而弱解相对而言简单一些,给出它的各项系数即可。在实际应用中,我们用到的是它的强解,所以研究强解的存在性,以及是否唯一,都是很有必要的。

定义 7.5 若 R^d 值随机过程 $x(t)$ 符合下面的条件:

(1) $x(t)$ 是连续适应过程;

(2) $f(t, x(t)) \in \xi^1(J, R^d)$, $g(t, x(t)) \in \xi^2(J, R^{d \times m})$, $J = [t_0, T]$;

(3) $x(t)$ 满足如下随机微分方程

$$x(t) = x(t_0) + \int_{t_0}^{t} f(s, x(s))ds + \int_{t_0}^{t} g(s, x(s))dw(s), \ t \in J \tag{7.38}$$

那么称 $x(t)$ 是随机积分方程的满足初值 $x(t_0)$ 的解或解过程。

下面给出几个在随机微分方程中比较重要的定理,这些定理在实际中会经常被应用

引理 7.1 假设非负可积函数 $\alpha(t)$,当 $t \in [t_0, t]$ 时有定义,且满足

$$\alpha(t) \leqslant H \int_{t_0}^{t} \alpha(s)ds + \beta(t) \tag{7.39}$$

式中,H 是非负常数,$\beta(t)$ 是可积函数,则有

$$\alpha(t) \leqslant \beta(t) + H \int_{t_0}^{t} eH(t - \beta(s))ds \tag{7.40}$$

引理 7.2 如果 $\phi(x)$ 是阶梯函数,那么对所有的 $N > 0, C > 0$,有

$$P\left\{\left|\int_{a}^{b} \phi(x)dw(t)\right| > C\right\} \leqslant \frac{N}{C^2} + P\left\{\int_{a}^{b} |\phi(x)|^2 dt > N\right\} \tag{7.41}$$

引理 7.3 假设 Borel 函数 $f(t, x)$, $g(t, x)$, $t \in [t_0, T]$, $x \in R$,满足以下两个条件:

(1) 一致利普希茨条件:对所有的实数 x 和 y,存在常数 $K > 0$,使得

$$|f(t, x) - f(t, y)| + |g(t, x) - g(t, y)| \leqslant K|x - y| \tag{7.42}$$

（2）线性增长条件：对所有的 x，存在常数 $K > 0$，使得

$$\left| f(t,x)^2 \right| + \left| g(t,x) \right|^2 \leqslant K \left| 1 + |x|^2 \right| \tag{7.43}$$

这时随机微分方程

$$\mathrm{d}x(t) = f(t,x(t))\mathrm{d}t + g(t,x(t))\mathrm{d}w(t) \tag{7.44}$$

的解存在，并且在随机等价的意义下，解是唯一的。

引理 7.4　假设 Borel 函数 $f(t,x)$，$g(t,x)$，$t \in [t_0,T]$, $x \in R$, 满足以下两个条件：

（1）一致利普希茨条件：对所有的实数 x 和 y，存在常数 $K > 0$，使得

$$\left| f(t,x) - f(t,y) \right| + \left| g(t,x) - g(t,y) \right| \leqslant K \left| x - y \right|$$

（2）线性增长条件：对所有的 x，存在常数 $K > 0$，使得

$$\left| f(t,x)^2 \right| + \left| g(t,x) \right|^2 \leqslant K \left| 1 + |x|^2 \right| \tag{7.45}$$

则随机微分方程

$$\mathrm{d}x(t) = f(t,x(t))\mathrm{d}t + g(t,x(t))\mathrm{d}w(t) \tag{7.46}$$

的解是马尔科夫过程。

7.3　含风电微电网随机建模及算例分析

7.3.1　随机稳定研究现状

针对风电的随机波动特性下的小干扰问题，必须应用随机方法才能进行更全面的分析，随机方法一般分为基于随机微分方程（Stochastic Differential Equations，SDE）的方法和基于概率统计的方法。采用概率分析方法主要有蒙特卡洛法、以快速傅里叶变换法和累积量法为代表的解析法以及以点估计法为代表的近似法三大类。其中蒙特卡洛法需要大量重复的仿真，因此计算量大且耗时长；解析法和近似法需要较为烦琐的数学推导与计算，由于有一定的近似，因此对结果的精度有一定的影响。应用于小干扰分析的概率分析法较多，也取得了一定的研究成果，但由于缺乏实际数据以及分析方法受到系统规模限制等原因，都只能对一些小规模的测试系统进行概率分析。目前，概率分析方法广泛应用于含可再生能源系统的可靠性评估、概率潮流计算、暂态概率稳定等的分析中。而采用随机微分方程研究微电网系统随机稳定，早期文献多集中于对负荷和同步机的随机性建模和分析，其中文献 [9] 对负荷和同步发电机都做了随机建模同步机采用简化的 2 阶随机模型，利用数值方法分析了 50 机 145 节点系统的随机稳定。文献 [10] 对简单的微电网单机并网系统，建立了考虑机组随机出力的非线性 SDE 模型。文献 [11] 考虑了外加激励为高斯随机过程时，单机系统的小干扰稳定。从理论上证明了高斯型随机小激励只会给电力系统带来有界的随机波动，但不会导致系统出现新的稳定问题。文献 [12] 将负荷作为随机源，利用 Euler-Maruyama（EM）数值方法分析了负荷随机扰动对带负荷的单机无穷大系统稳定的影响。文献 [13] 建立了负荷的随机模型，研究了负荷波动强度对电力系统电压稳定的影响。文献 [14] 利用随机微分方程，使用李雅普诺夫指数分析了线性随机系统的稳定储备系数。

目前利用随机微分方程研究含风电的电力系统小干扰随机稳定的报道还很少。文献 [15-16] 考虑了风电功率的随机波动，利用随机微分方程分析了含风电的电力系统暂态稳定，给出了风电功率波动强度对系统首次穿越时间的影响。但文献对风电机的建模仍旧局限于同步机 2 阶模型，并且这种分析方法只适用特定条件和模型下的分析。文献 [17] 考虑了随机激励，提出了一种随机稳定指数判据，用于判断随机微分方程所表示系统的稳定。结果表明，随着风电功率和其波动强度的增大，该随机稳定指数逐渐增大，表明系统不稳定风险增大。文献 [18] 针对普通异步风电机组进行随机建模，得到了风机和同步机并联的无穷大系统的随机微分方程，推导了随机微分方程的解析解，首次利用解析的方法获得了状态变量的均值和方差的解析表达式，得到了随机激励下电力系统小干扰稳定特性及动态特性。随后该文作者在文献 [19] 进一步分析风电功率随机性带来的状态矩阵系数不确定问题，指出只有功率波动在一定范围时，系统才是小干扰随机均方稳定的。理论上而言，随机微分方程在研究随机因素影响下的系统稳定时，只要对随机源的建模足够精确，无论从模型还是机理上都会更贴近实际情况。因此，基于随机微分方程的方法分析风电机组微电网系统小干扰稳定的影响无疑是合适的。但是由于随机微分方程理论较为复杂，利用随机微分方程理论研究含风电的电力系统稳定的较少。当前只是对模型较为简单的普通异步风电机组做了分析，本书对文献中提到的 DFIG（Doubly Fed Induction Generator）类型风电机组的随机模型做了简单介绍。

7.3.2　DFIG 系统模型

近年来，风力发电等间歇电源大量接入，使得微电网系统增加了大量随机波动性电源，微电网系统的随机特性更加突出。从时间维度上看，风速是时刻变化的，在小干扰发生后的系统恢复过程中具有波动性。确定性的小干扰稳定性分析方法已经不能准确、完整地揭示小扰动后电力系统的动态特性。针对这一问题，本节将随机微分方程引入到含 DFIG 的电力系统小干扰稳定分析中，利用随机理论深入分析风功率波动对系统小干扰稳定的影响，研究小扰动后系统的动态特性。

DFIG 随机动态模型可以在传统确定性模型的基础上获得，很多参考书籍都对 DFIG 的确定性动态模型做了研究，但现在有 DFIG 总体上还存在如下问题：

（1）没有明确统一的系统接口方程，以至于在数学模型上很难将 DFIG 模型与多机系统关联起来；

（2）在变流器控制上，磁链定向和电压定向得到的 dq 轴相差 $90°$，一些书籍、文献忽略了这一点，影响了模型的准确性；

（3）风机机械功率的随机波动性在现有模型上还很少考虑。

图 7-2 为 DFIG 模型系统结构图。

图中，U_{ds}、U_{qs}、i_{ds}、i_{qs} 分别为定子电压和电流 dq 轴分量；U_{dr}、U_{qr}、i_{dr}、i_{qr} 分别为转子电压和电流 dq 分量；U_{dg}、U_{qg}、i_{dg}、i_{qg} 分别为网侧变流器电压和电流 dq 分量；L_g 为滤波电抗。

从图 7-2 看出，DFIG 的动态模型主要包括传动系统模型、感应异步机动态模型、变流器机侧控制模型、变流器网侧控制模型和变流器模型。

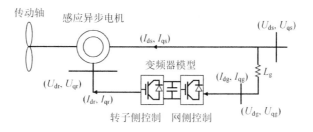

图 7-2　双馈风机模型结构图

传动系统根据转轴柔性强弱采用三质块模型、两质块模型和单质块模型,本书采用单质块模型,其状态方程为

$$2H_\mathrm{g}\frac{\mathrm{d}s}{\mathrm{d}t} = -\frac{P_\mathrm{m}}{(1-s)} + P_\mathrm{s} \tag{7.47}$$

式中:s 为转差率;t 为时间变量;H_g 为异步发电机的惯性时间常数;P_m 为风机机械功率;P_s 为定子有功。

风功率具有随机波动性,而在小扰动研究的时间尺度内,风电机组的机械功率主要表现为在一个确定值附近小范围的随机波动,可以用具有平稳独立增量的标准高斯白噪声 $W(t)$ 进行描述,其中高斯白噪声即 7.1.2 节中提到的布朗运动的微分形式。图 7-3 给出了利用 Matlab 生成的 $W(t)$ 的一条离散曲线。图 7-3 表明该曲线能够较好反映短时间内的风功率波动特性。

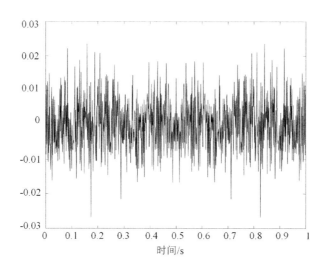

图 7-3　$W(t)$ 的离散轨迹曲线

由于利用 $W(t)$ 描述风功率的随机波动性,建立风机机械功率的随机模型为

$$P_\mathrm{m} = P_{\mathrm{m},0} + \delta W(t) \tag{7.48}$$

式中:$P_{\mathrm{m},0}$ 为机械功率的确定性部分;$\delta W(t)$ 项则用于表征机械功率的随机波动,其中 δ 为波动强度,其值越大,表示风功率的波动越大。考虑到实际情况,本节中 δ 的取值为 0.025,根据图 7-3 可知 $W(t)$ 的波动幅度几乎在 $[-2,2]$ 范围内,从而得到此时的风功率波动最大值约为 0.05pu,

即风功率随机波动最值大约为额定功率的 5%。风功率这种小范围波动符合小扰动线性化分析要求，保证了后续采用线线性化进行分析的合理性。

DFIG 中的发电机为绕线式异步发电机，依据绕线式异步发电机结构特点，定转子均采用电动机惯例，得到其在同步旋转 dq 坐标系下的电压方程为

$$
\begin{cases}
U_{ds} = R_s i_{ds} + \dfrac{1}{w_b}\dfrac{\mathrm{d}\psi_{ds}}{\mathrm{d}t} - w_s \psi_{qs} \\[2mm]
U_{qs} = R_s i_{qs} + \dfrac{1}{w_b}\dfrac{\mathrm{d}\psi_{qs}}{\mathrm{d}t} + w_s \psi_{ds} \\[2mm]
U_{dr} = R_s i_{dr} + \dfrac{1}{w_b}\dfrac{\mathrm{d}\psi_{dr}}{\mathrm{d}t} - w_s \psi_{qr} \\[2mm]
U_{qr} = R_s i_{qr} + \dfrac{1}{w_b}\dfrac{\mathrm{d}\psi_{qr}}{\mathrm{d}t} + s w_s \psi_{dr}
\end{cases}
\tag{7.49}
$$

式中：R_s、R_r 分别为定子和转子电阻；ψ_{ds}、ψ_{qs}、ψ_{dr}、ψ_{qr} 分别为定子和转子磁链的 dq 轴分量；w_b 为角频率基准值；w_s 为同步角频率标幺值。

其中 dq 坐标系下的磁链方程为

$$
\begin{cases}
\psi_{ds} = L_{ss} i_{ds} + L_m i_{dr} \\[1mm]
\psi_{qs} = L_{ss} i_{qs} + L_m i_{qr} \\[1mm]
\psi_{dr} = L_{rr} i_{dr} + L_m i_{ds} \\[1mm]
\psi_{qr} = L_{rr} i_{qr} + L_m i_{qs}
\end{cases}
\tag{7.50}
$$

式中：$L_{ss} = L_m + L_s$；$L_{rr} = L_m + L_r$；L_s、L_r 和 L_m 分别为定子自感、转子自感和定转子间的互感。为了便于公式书写，进一步定义：

$$
\begin{cases}
E_d^{'} \overset{\Delta}{=} -\dfrac{w_s L_m}{L_{rr}}\psi_{qr} \\[3mm]
E_q^{'} \overset{\Delta}{=} \dfrac{w_s L_m}{L_{rr}}\psi_{dr} \\[3mm]
X_s^{'} \overset{\Delta}{=} \dfrac{w_s}{L_{rr}}(L_{ss}L_{rr} - L_m^2) \\[3mm]
\psi_{qr} = L_{rr} i_{qr} + L_m i_{qs}
\end{cases}
\tag{7.51}
$$

联立上述三式，可得异步发电机四阶状态方程为

$$
\begin{cases}
\dfrac{1}{w_b}\dfrac{\mathrm{d}E_d^{'}}{\mathrm{d}t} = -\dfrac{R_r}{L_{rr}}E_d^{'} + s w_s E_q^{'} - \dfrac{R_r w_s L_m^2}{L_{rr}^2}i_{qs} - \dfrac{w_s L_m}{L_{rr}}U_{qs} \\[3mm]
\dfrac{1}{w_b}\dfrac{\mathrm{d}E_q^{'}}{\mathrm{d}t} = -\dfrac{R_r}{L_{rr}}E_q^{'} - s w_s E_d^{'} + \dfrac{R_r w_s L_m^2}{L_{rr}^2}i_{ds} + \dfrac{w_s L_m}{L_{rr}}U_{dr} \\[3mm]
\dfrac{x_s^{'}}{w_b w_s}\dfrac{\mathrm{d}i_{ds}}{\mathrm{d}t} = \dfrac{R_r}{L_{rr}w_s}E_q^{'} + (s-1)E_d^{'} - (R_s + \dfrac{R_r L_m^2}{L_{rr}^2})i_{ds} + U_{ds} - \dfrac{L_m}{L_{rr}}U_{dr} + x_s^{'}i_{qs} \\[3mm]
\dfrac{x_s^{'}}{w_b w_s}\dfrac{\mathrm{d}i_{qs}}{\mathrm{d}t} = -\dfrac{R_r}{L_{rr}w_s}E_d^{'} + (s-1)E_q^{'} - (R_s + \dfrac{R_r L_m^2}{L_{rr}^2})i_{qs} + U_{qs} - \dfrac{L_m}{L_{rr}}U_{qr} - x_s^{'}i_{ds}
\end{cases}
\tag{7.52}
$$

由于电力电子器件动作的快速性，在动态分析时，变流器可以只考虑直流电压动态，直流母线电容瞬时功率为网侧变流器和转子侧变流器的瞬时功率之差，则变流器的状态方程为

$$
\dfrac{CU_{dc}}{1.5 w_b}\dfrac{\mathrm{d}U_{dc}}{\mathrm{d}t} = U_{dg}i_{dg} + U_{qg}i_{qg} - (U_{dr}i_{dr} + U_{qr}i_{qr})
\tag{7.53}
$$

式中：C 为直流环节电容；U_{dc} 为直流电压。

当前，DFIG 变流器通常采用矢量定向控制，通常变流器机侧控制采用磁链定向控制，而网侧控制采用电压定向控制。正如上文所述，磁链定向和电压定向得到的 dq 轴相差 $90°$。由于两种控制方式实际上是可以相互转换的，因此为了减小干扰稳定分析时便于统一坐标，本章中变流器的机侧控制和网侧控制均采用定子电压定向控制，即将两相旋转 dq 坐标系的 d 轴都定在定子电压上。

变流器机侧控制主要的目的是实现风电机组的有功和无功解耦控制。当采用电压定向控制时，机侧变流器控制模型如图 7-4 所示。图 7-4 中，x_1、x_2、x_3、x_4 为新引入的中间状态变量；K_{pi}、K_{ij}（$j=1,2,3$）分别为比例积分（Proportion Intergration，PI）控制器比例和积分增益；U_{ds_ref} 为定子电压的 d 轴参考值；P_o 为实际总有功，以流出风机为正方向；P_{o_ref} 为有功参考值，也是以流出风机为正。考虑到最大风功率追踪，有

$$P_{o\_ref} = \left(\frac{w_r}{w_{rB}}\right)^3 P_B - (i_{dr}^2 + i_{qr}^2)R_r \tag{7.54}$$

式中：$w_r = (1-s)w_s$ 为转子的实际转速；w_{rB} 为转子的额定转速；P_B 为额定转速下的功率。值得注意的是，本章中提到的 w_r 和 w_{rB} 都是标幺值，它们的基准值均为同步转速 w_b。

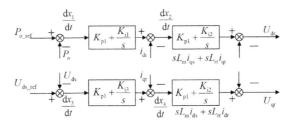

图 7-4　变流器机侧控制图

由图 7-4 可得机侧变流器控制模型状态方程为

$$\begin{cases} \dfrac{dx_1}{dt} = P_{o\_ref} - P_o \\[2mm] \dfrac{dx_2}{dt} = K_{p1}(P_{o\_ref} - P_o) + K_{i1}x_1 - i_{dr} \\[2mm] \dfrac{dx_3}{dt} = U_{ds\_ref} - U_{ds} \\[2mm] \dfrac{dx_4}{dt} = K_{p3}(U_{ds\_ref} - U_{ds}) + K_{i3}x_3 - i_{qr} \end{cases} \tag{7.55}$$

转子侧电压代数方程为

$$\begin{cases} U_{dr} = (K_{p1}(P_{o\_ref} - P_o) + K_{i1}x_1 - i_{dr})K_{p2} + K_{i2}x_2 - sL_m i_{qs} - sL_{rr}i_{qr} \\[2mm] U_{qr} = (K_{p3}(U_{ds\_ref} - U_{ds}) + K_{i3}x_3 - i_{qr})K_{p2} + K_{i2}x_4 + sL_m i_{ds} + sL_{rr}i_{dr} \end{cases} \tag{7.56}$$

网侧控制目的是一方面是维持直流电压的恒定，另一方面是实现对转子无功的控制，尽可能减少转子侧无功的输出减少损耗。当变流器网侧控制同样采用定子电压定向控制时，机侧变流器控制模型如图 7-5 所示。图 7-5 中，x_5、x_6、x_7 为新引入的中间状态变量；K_{pj}、K_{ij}（$j=5,6$）分别为 PI 控制器的比例和积分增益；U_{dc_ref} 为直流电压参考值；i_{qg_ref} 为网侧电流 i_g 的 q 轴参考值。

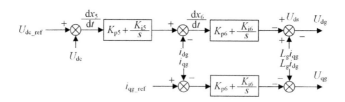

图 7-5　变流器网侧控制图

由 7-5 可得网侧变流器控制模型的状态方程不一样为

$$\begin{cases} \dfrac{\mathrm{d}x_5}{\mathrm{d}t} = U_{\mathrm{dc\_ref}} - U_{\mathrm{dc}} \\[2mm] \dfrac{\mathrm{d}x_6}{\mathrm{d}t} = K_{p5}(U_{\mathrm{dc\_ref}} - U_{\mathrm{dc}}) + K_{i5} - i_{\mathrm{dg}} \\[2mm] \dfrac{\mathrm{d}x_7}{\mathrm{d}t} = i_{\mathrm{qg\_ref}} - i_{\mathrm{qg}} \end{cases} \tag{7.57}$$

网侧变流器电压代数方程为

$$\begin{cases} U_{\mathrm{dg}} = -K_{p6}\big(K_{p5}(U_{\mathrm{dc\_ref}} - U_{\mathrm{dc}}) + K_{i5}x_5 - i_{\mathrm{dg}}\big) + U_{\mathrm{ds}} + L_g i_{\mathrm{qg}} - K_{i6}x_6 \\[2mm] U_{\mathrm{qg}} = -K_{p6}(i_{\mathrm{qg\_ref}} - i_{\mathrm{qg}}) + K_{i6}x_7 - L_g i_{\mathrm{dg}} \end{cases} \tag{7.58}$$

在传统的 DFIG 动态建模中，当考虑变流器网侧控制时，通常忽略网侧电流 i_g 的动态特性。实际上，变流器的网侧控制就是在考虑 i_g 动态特性的基础上设计的，考虑其动态特性更准确，而且这样做更易于建立通用系统接口方程。因此，应该把 i_g 看作状态变量，建立其状态方程。由图 7-2 可得关于 i_g 的状态方程如下：

$$\begin{cases} \dfrac{L_g}{w_b} \dfrac{\mathrm{d}i_{\mathrm{dg}}}{\mathrm{d}t} = U_{\mathrm{ds}} + w_s L_g i_{\mathrm{qg}} - U_{\mathrm{dg}} \\[2mm] \dfrac{L_g}{w_b} \dfrac{\mathrm{d}i_{\mathrm{qg}}}{\mathrm{d}t} = -w_s L_g i_{\mathrm{dg}} - U_{\mathrm{qg}} \end{cases} \tag{7.59}$$

参照同步发电机的系统接口方程建立方法，本章根据 DFIG 的端口电压幅值 U_s，相角 θ 和端口电流 $i_{x\mathrm{W}}$、$i_{y\mathrm{W}}$ 之间的函数建立 DFIG 与系统接口方程。其中相角 θ 为系统公共坐标系下的电压相角，$i_{x\mathrm{W}}$、$i_{y\mathrm{W}}$ 也是系统公共坐标系下端口电流的实部与虚部，流入系统为正方向。当采用定子电压 d 轴定向时，DFIG 的 dq 轴与公共坐标系的关系如图 7-6 所示，此时电压幅值 U_s 就是定子电压 d 轴分量 U_{ds}。

根据图 7-2 和图 7-6 可得 DFIG 与系统接口方程为

$$\begin{cases} i_{x\mathrm{W}} = -(i_{\mathrm{ds}} + i_{\mathrm{dg}})\cos\theta + (i_{\mathrm{qs}} + i_{\mathrm{qg}})\sin\theta \\[2mm] i_{y\mathrm{W}} = -(i_{\mathrm{ds}} + i_{\mathrm{dg}})\sin\theta - (i_{\mathrm{qs}} + i_{\mathrm{qg}})\cos\theta \end{cases} \tag{7.60}$$

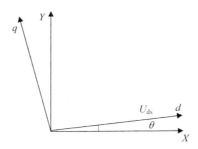

图 7-6　公共坐标系与双馈风机 dq 轴坐标关系图

7.3.3　含 DFIG 系统随机动态模型

联立 7.2.1 节各模块方程，就可建立完整的 DFIG 随机动态模型：

$$\begin{cases} \dot{\boldsymbol{X}}_{\mathrm{W}} = f_{\mathrm{W}}(\boldsymbol{X}_{\mathrm{W}}, u_{\mathrm{W}}, \boldsymbol{P}_{\mathrm{m}}) \\ \boldsymbol{I}_{\mathrm{W}} = g_{\mathrm{W}}(\boldsymbol{X}_{\mathrm{W}}, u_{\mathrm{W}}) \end{cases} \tag{7.61}$$

式中：状态变量 $\boldsymbol{X}_{\mathrm{W}} = [s, E_d', E_q', i_{\mathrm{ds}}, i_{\mathrm{qs}}, x_1, x_2, x_3, x_4, x_5, x_6, x_7, U_{\mathrm{dc}}, i_{\mathrm{dg}}, i_{\mathrm{qg}}]^{\mathrm{T}}$；$u_{\mathrm{W}} = [U_{\mathrm{ds}}, \theta]^{\mathrm{T}}$；$\boldsymbol{I}_{\mathrm{W}} = [i_{x\mathrm{W}}, i_{y\mathrm{W}}]^{\mathrm{T}}$；$f_{\mathrm{W}}$ 和 g_{W} 分别为 DFIG 风电机的微分方程函数与代数方程函数。

对系统建模还要考虑同步机动态模型。同步机模型已相当成熟，并在上一节已经给出，不再赘述。另外，还需利用网络节点导纳矩阵得到节点电压 u 与注入电流 $\boldsymbol{I}$ 代数方程，用函数 y 表示为

$$\boldsymbol{I} = y(u) \tag{7.62}$$

联立以上方程可以得到

$$\begin{cases} \dot{\boldsymbol{X}} = f(\boldsymbol{X}, u, \boldsymbol{P}_{\mathrm{m}}) \\ \boldsymbol{I} = g(\boldsymbol{X}, u) \\ \boldsymbol{I} = y(u) \end{cases} \tag{7.63}$$

式中：$\boldsymbol{X} = [X_{\mathrm{W}1}, \cdots X_{\mathrm{W}m}, X_{\mathrm{G}m+1}, \cdots X_{\mathrm{G}n}]^{\mathrm{T}}$；$u = [u_{\mathrm{W}1}, \cdots u_{\mathrm{W}m}, u_{\mathrm{G}m+1}, \cdots u_{\mathrm{G}n}]^{\mathrm{T}}$；$\boldsymbol{P}_{\mathrm{m}} = [P_{\mathrm{m}1}, \cdots, P_{\mathrm{mm}}]^{\mathrm{T}}$；$\boldsymbol{I} = [I_{\mathrm{W}1}, \cdots I_{\mathrm{W}m}, I_{\mathrm{G}m+1}, \cdots I_{\mathrm{G}n}]^{\mathrm{T}}$；$\boldsymbol{f} = [f_{\mathrm{W}1}, \cdots f_{\mathrm{W}m}, f_{\mathrm{G}m+1}, \cdots f_{\mathrm{G}n}]^{\mathrm{T}}$；$\boldsymbol{g} = [g_{\mathrm{W}1}, \cdots g_{\mathrm{W}m}, g_{\mathrm{G}m+1}, \cdots g_{\mathrm{G}n}]^{\mathrm{T}}$；下标 W 表示 DFIG 风机；下标 G 表示同步机；m 和 n 分别为 DFIG 个数和发电机总个数。

对上式线性化可得

$$\begin{cases} \Delta \dot{\boldsymbol{X}} = f_X \Delta \boldsymbol{X} + f_u \Delta u + K \vartheta \boldsymbol{W}(t) \\ \Delta \boldsymbol{I} = g_X \Delta \boldsymbol{X} + g_u \Delta u \\ \Delta \boldsymbol{I} = y_u \Delta u \end{cases} \tag{7.64}$$

式中：f_X、f_u 和 g_X、g_u 分别为函数 f 和 g 对 $\boldsymbol{X}$ 和 u 的偏导数；y_u 分别为函数 y 对 u 的偏导数；$\boldsymbol{K} = \mathrm{diag}(k_1, \cdots, k_m)$；$\boldsymbol{\vartheta} = \mathrm{diag}(\vartheta_1, \cdots, \vartheta_m)$；$\boldsymbol{W}(t) = \mathrm{diag}(W_1(t), \cdots, W_m(t))^{\mathrm{T}}$。

进一步整理得

$$\begin{aligned} \Delta \dot{\boldsymbol{X}} &= (f_X + f_u(y_u - g_u)^{-1} g_X) \Delta \boldsymbol{X} + \boldsymbol{K}_{\vartheta} \boldsymbol{W}(t) \\ &\triangleq \boldsymbol{A} \Delta \boldsymbol{X} + \boldsymbol{K}_{\vartheta} \boldsymbol{W}(t) \end{aligned} \tag{7.65}$$

式中：$\boldsymbol{A}$ 为系统的状态矩阵；$\boldsymbol{K}_\vartheta = \boldsymbol{K}\vartheta$。

利用上式结合高斯白噪声公式可得

$$d\Delta\boldsymbol{X} = \boldsymbol{A}\Delta\boldsymbol{X}dt + \boldsymbol{K}_\vartheta d\boldsymbol{B}(t) \tag{7.66}$$

式中：$\boldsymbol{B}(t) = [B_1(t), B_2(t), \cdots, B_m(t)]^{\mathrm{T}}, B_i(t)$，$i = 1, 2, \cdots, m$ 为一维维纳过程。

区别于确定性系统的状态方程，上式公式为随机微分方程，传统的稳定判据和研究方法已经难以适用，需要引入随机理论加以解决。

7.3.4　随机稳定判据及数值解法

判别随机稳定性的指标有很多，本书采用随机 ρ 阶矩稳定性中的随机均值和均方稳定指标来对随机系统的稳定性进行评判。文献 [11] 和 [12] 都给出了随机均值和均方稳定的判据。

定理 7.1　设 $\lambda_1, \lambda_2, \cdots, \lambda_n$ 为系统状态矩阵 $\boldsymbol{A}$ 的特征值，若有

$$\mathrm{Re}(\lambda_1), \mathrm{Re}(\lambda_2), \cdots, \mathrm{Re}(\lambda_n) < 0 \tag{7.67}$$

则系统是随机均值稳定和随机均方稳定的。

利用 Euler 或 Milstein 数值方法对伊藤公式 $dX(t) = f(X(t))dt + g(X(t))dW(t)$ 所示的随机微分方程进行数值求解，具体推导如下。

令 $V = V(X(t)) = V(X)$，则有

$$dV = \frac{dV}{dX}dX + \frac{d^2V}{dX^2}dX^2 + \cdots \tag{7.68}$$

代入方程，有

$$dV = \frac{dV}{dX}\{f(X)dt + g(X)dW\} + \frac{1}{2}\frac{d^2V}{dX^2}\{f(X)^2dt^2 + 2f(X)g(X)dtdW + g(X)^2dW^2\} + \cdots \tag{7.69}$$

应用伊藤公式，有

$$dV = (f(X) + \frac{1}{2}g(X)^2\frac{d^2V}{dX^2})dt + g(X)\frac{dV}{dt}dW \tag{7.70}$$

对以上公式取等效积分形式，然后分别设 $t = s$，$t = t_{j\text{-}1}$，然后将两式相减，得

$$V(X(s)) = V(X(t_{j\text{-}1})) + \int_{t_{j\text{-}1}}^{s} LV(X(t))dt + \int_{t_{j\text{-}1}}^{s} kV(X(t))dW(t) \tag{7.71}$$

式中

$$L = f(X(t))\frac{d}{dX} + \frac{1}{2}g(X(t))^2\frac{d^2}{dX^2}, K = g(X(t))\frac{d}{dX}$$

依次令 $V = f$，$V = g$，有

$$f(X(s)) = f(X(t_{j\text{-}1})) + \int_{t_{j\text{-}1}}^{s} Lf(X(t))dt + \int_{t_{j\text{-}1}}^{s} Kf(X(t))dW(t)$$

$$g(X(s)) = g(X(t_{j\text{-}1})) + \int_{t_{j\text{-}1}}^{s} Lg(X(t))dt + \int_{t_{j\text{-}1}}^{s} Kg(X(t))dW(t) \tag{7.72}$$

代入方程

$$X(t_{\mathrm{j}}) = X(t_{j\text{-}1}) + \int_{t_{j\text{-}1}}^{t_{\mathrm{j}}} f(X(s))ds + \int_{t_{j\text{-}1}}^{t_{\mathrm{j}}} g(X(s))dW(s) \tag{7.73}$$

有

$$X(t_j) = X(t_{j-1}) + \int_{t_{j-1}}^{t_j} \{f(X(t_{j-1})) + \int_{t_{j-1}}^{s} Lf(X(t))\mathrm{d}t + \int_{t_{j-1}}^{s} Kf(X(t))\mathrm{d}W(t)\}\mathrm{d}s +$$
$$\int_{t_{j-1}}^{t_j} \{g(X(t_{j-1})) + \int_{t_{j-1}}^{s} Lg(X(t))\mathrm{d}t + \int_{t_{j-1}}^{s} Kg(X(t))\mathrm{d}W(t)\}\mathrm{d}W(s) \tag{7.74}$$

可以写成

$$X(t_j) = X(t_{j-1}) + hf(X(t_{j-1})) + g(X(t_{j-1}))\int_{t_{j-1}}^{t_j} \mathrm{d}W(s) +$$
$$\int_{t_{j-1}}^{t_j}\int_{t_{j-1}}^{s} Lf(X(t))\mathrm{d}t\mathrm{d}s + \int_{t_{j-1}}^{t_j}\int_{t_{j-1}}^{s} Kf(X(t))\mathrm{d}W(t)\mathrm{d}s + \tag{7.75}$$
$$\int_{t_{j-1}}^{t_j}\int_{t_{j-1}}^{s} Lg(X(t))\mathrm{d}t\mathrm{d}W(t) + \int_{t_{j-1}}^{t_j}\int_{t_{j-1}}^{s} Kg(X(t))\mathrm{d}W(t)\mathrm{d}W(s)$$

将 $g(X(s))$ 代入上式，有

$$X(t_j) = X(t_{j-1}) + hf(X(t_{j-1})) + g(X(t_{j-1}))\int_{t_{j-1}}^{t_j} \mathrm{d}W(s)$$
$$+ \int_{t_{j-1}}^{t_j}\int_{t_{j-1}}^{s} Kg(X(t_{j-1}))\mathrm{d}W(t)\mathrm{d}W(s) + R \tag{7.76}$$

式中

$$R = \int_{t_{j-1}}^{t_j}\int_{t_{j-1}}^{s} Lf(X(t))\mathrm{d}t\mathrm{d}s + \int_{t_{j-1}}^{t_j}\int_{t_{j-1}}^{s} Lf(X(t))\mathrm{d}W(t)\mathrm{d}s + \int_{t_{j-1}}^{t_j}\int_{t_{j-1}}^{s} Lg(X(t))\mathrm{d}t\mathrm{d}W(s) +$$
$$\int_{t_{j-1}}^{t_j}\int_{t_{j-1}}^{s}\int_{t_{j-1}}^{t} KLg(X(m))\mathrm{d}m\mathrm{d}t\mathrm{d}W(s) + \int_{t_{j-1}}^{t_j}\int_{t_{j-1}}^{s}\int_{t_{j-1}}^{t} KLg(X(m))\mathrm{d}m\mathrm{d}W(t)\mathrm{d}W(s) \tag{7.77}$$

截取前四项得到如下 Milstein 公式：

$$X(t_j) = X(t_{j-1}) + hf(X(t_{j-1})) + g(X(t_{j-1}))\int_{t_{j-1}}^{t_j} \mathrm{d}W(s) + \int_{t_{j-1}}^{t_j}\int_{t_{j-1}}^{s} Kg(X(t_{j-1}))\mathrm{d}W(t)\mathrm{d}W(s) \tag{7.78}$$

截取前三项即可得 Euler 公式：

$$X(t_j) = X(t_{j-1}) + hf(X(t_{j-1})) + g(X(t_{j-1}))\int_{t_{j-1}}^{t_j} \mathrm{d}W(s) \tag{7.79}$$

7.3.5　算例分析

考虑图 7-7 所示的风电微电网系统，其中风电场由 6 台 1.5 MW 的 DFIG 构成，按容量将其等值 1 台 DFIG。经升压变和线路接到无穷大系统中。其中风电出力有功为 0.4208 pu，无功为 0.00992 pu；无穷大母线电压幅值为 1.0 pu，相角为 0；风机出口母线电压幅值为 1.0 pu，相角为 -0.4267 rad。

等值风电场　　变压器　　传输线　　无穷大系统

图 7-7　单风电场微电网系统

考虑到秒级风功率波动范围，本研究中 ϑ 的取值范围为 0~0.05。利用上述含 DFIG 的系统随机模型求得其特征值如表 7.1 所示。

表 7.1　系统特征值

特征值 λ	实部	虚部	频率 Hz
λ_1	-2171.01	0.000	0.000
λ_1	-2171.01	0.000	0.000
$\lambda_{2,3}$	-65.65	467.004	74.403
λ_4	-503.23	0.000	0.000
λ_5	-312.52	0.000	0.000
λ_6	-197.20	0.000	0.000
λ_7	-1.28	0.000	0.000
λ_8	-28.11	0.000	0.000
λ_9	-25.73	0.000	0.000
λ_{10}	-24.11	0.000	0.000
λ_{11}	-57.95	0.000	0.000
λ_{12}	-83.31	0.000	0.000
λ_{13}	-96.38	0.000	0.000
λ_{14}	-2408.94	0.000	0.000
λ_{15}	-104.33	0.000	0.000

　　表 7.1 中特征值实部全为负,由前文给出的判据易得到所研究的系统是小干扰随机均值稳定和均方稳定的。从表 7.1 可以看出,系统只有一个振荡模态,振荡频率为 74.403 Hz,其余 13 个均为衰减模态。

　　表 7.2 给出了 $t \to \infty$ 时部分状态变量的方差稳定值。由于其他状态变量的方差很小,所以未给出。

表 7.2　系统特征值

状态变量	方差 $/(10^{-4}\text{pu})$	状态变量	方差 $/(10^{-4}\text{pu})$
λ_1	-2171.01	0.000	0.000
s	2.486	i_{ds}	1.729
E_d'	0.004	i_{ds}	0.021
E_q'	0.177	i_{ds}	0.436

　　下面利用 EM 数值方法进行数值仿真。图 7-7、图 7-8 给出了在确定模型和随机模型下状态变量 i_{ds} 和 E_q' 小扰动下的数值仿真结果,其中,在随机分析中激励强度为 0.025。从图 7-7、图 7-8 可以看出,DFIG 在确定性模型下,其状态变量在发生小扰动后将稳定在一个确定的点,即状态变量的运行点;而在随机模型下,系统状态变量将稳定在运行点附近,即期望值附近有限区域内。从这两张图还可以看出,随机激励对各个状态变量的影响是不同的。

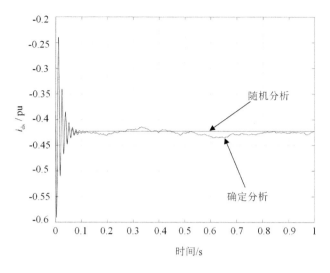

图 7-8 状态变量 i_{ds} 确定和随机分析数值仿真对比

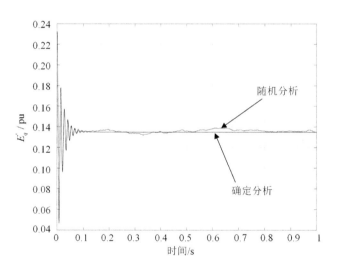

图 7-9 状态变量 E_q 确定和随机分析数值仿真对比

图 7-10 是波动强度 ϑ 为 0.025 时，50 条随机路径下的 U_{dc} 的小扰动数值仿真结果，其中灰色部分为 50 次小干扰随机响应曲线构成的波动带。可以看出，小扰动发生后，随着时间的推移，直流电压机的波动带逐渐变宽，并最终稳定在 [2.547,2.562] 区间范围内。

图 7-11 是在同一个随机路径下，风功率随机波动强度取 0、0.025、0.075、0.125 时，系统状态变量 U_{dc} 的小干扰动态响应结果。结果表明，波动强度 ϑ 与状态变量的波动幅度正相关，这与理论分析结果相符。

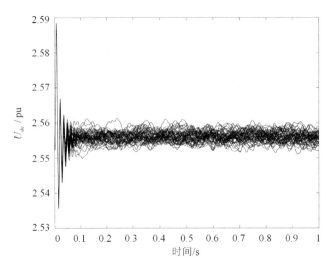

图 7-10　状态变量 U_{dc} 值仿真结果

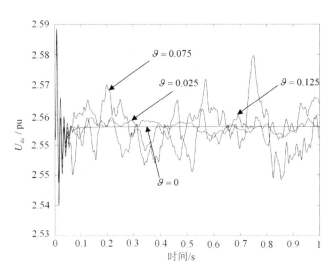

图 7-11　不同激励强度下状态变量 U_{dc} 值仿真结果

7.4　总　结

本章对微电网随机稳定性相关内容进行了介绍。主要从随机过程、随机积分、随机微分三个阶段，阐述了随机微分方程的推导和引理。并以 DFIG 微电网为研究对象，利用具有平稳独立增量的零均值高斯白噪声对 DFIG 机械功率随机部分进行建模，给出了完整风机随机动态模型，利用随机稳定判据分析其小干扰稳定，得出随机激励对 DFIG 各个状态变量的影响是不同的，这主要由系统运行点、系统参数、随机项波动强度和时间决定。当然还可依据概率统计方法来分析含风电场的微电网随机稳定问题。

参考文献

1. Itô K. On stochastic differential equations[M]. American Mathematical Soc, 1951.

2. Mao X. Exponential stability of stochastic differential equations[M]. M.Dekker, 1994.

3. Boukas E K, Liu Z K. Delay-dependent stability analysis of singular linear continuous-time system[J]. Control Theory and Applications, IEEE Proceedings IET, 2003, 150(4): 325-330.

4. 胡达宣. 随机微分方程稳定性理论 [M]. 南京: 南京大学出版社, 1986: 1-62.

5. 胡适耕, 黄乘明, 吴付科. 随机微分方程 [M]. 北京: 科学出版社, 2008: 1-36.

6. Karoui N. Backward stochastic differential equations in finance[J]. Mathematical Finance, 1997, 7(1): 3-15.

7. Mao X R. Stochastic differential equations and applications[M]. England: Horwood Publish, 1997: 112-115.

8. Odom S E. Three synaptic conductances in a stochastic neural model[J]. Journal of Computational Neuroscience, 2012, 33(1): 132-139.

9. Milano F, Zarate-Minano R. A systematic method to model power system as stochastic differential algebraic equation[J]. IEEE Transactions on Power Systems, 2013, 28(4): 4537-4544.

10. 刘咏飞, 鞠平, 薛禹胜, 等. 随机激励下电力系统特性的计算分析 [J]. 电力系统自动化, 2014, 38(9): 137-142.

11. 张建勇, 鞠平, 余一平, 等. 电力系统在高斯随机小激励下的响应及稳定性 [J]. 中国科学: 技术科学, 2012, 42(7): 851-857.

12. Wang K, Crow M L. Numerical simulation of stochastic differential algebraic equation for power system transient stability with random loads[C]//Power and Energy Society General Meeting, 2011: 1-8.

13. Qiu Y, Zhao J, Chiang H. Effects of the stochastic load model on power system voltage stability based on bifurcation theory[C]//Transmission and Distribution Conference and Exposition, 2008: 1-6.

14. Verdejo H, Vargas L, Kliemann W. Stability reserve in stochastic linear systems with applications to power systems[C]//Probabilistic methods applied to power systems(PMAPS), 2010.

15. Mohammed H, Nwankpa C. Uncertainty modeling and analysis of wind energy systems[C]//Decision and Control, 1998.

16. Mohammed H, Nwankpa C O. Stochastic analysis and simulation of grid-connected wind energy conversion system[C]//IEEE Transactions on Energy Conversion, 2000.

17. Parinya P, Sangswang A, Kirtikara K, et al. A study of impact of wind power to power system stability using stochastic stability index[C]// Circuits and Systems (ISCAS), 2014.

18. 周明, 元博, 张小平, 等. 基于 SDE 的含风电电力系统随机小干扰稳定分析 [J]. 中国电机工程学报, 2014, 34(10): 1575-1582.

19. 元博. 含风电的电力系统的备用决策及小扰动随机稳定分析 [D]. 华北电力大学, 2014.

第8章 微电网最新技术

8.1 引入功率微分项抑制振荡

微电网孤岛模式下，下垂控制能够实现无互连线情况下的多机功率分配控制，是目前较成熟的微电网孤岛控制策略。传统电网中一般使用电力系统稳定器（Power System Stabilizer，PSS）装置来解决同步发电机受扰振荡的问题。PSS 工作原理是以发电机功率偏差 ΔP 等信号为输入，通过适当的补偿与增益得到一个额外的电磁转矩作用于励磁系统，以此提高发电机转子振荡时的阻尼。借鉴于此，文献 [1] 发现可在下垂方程中引入功率微分项对微电网受扰振荡问题进行改善。

8.1.1 经典下垂控制

计及逆变器 LCL 滤波器电感值较大以及低压微电网中的传输路线较短的情况下，逆变器输出有功功率主要取决于线路两端功角差，输出无功功率主要取决于线路两端电压幅值差。因此可通过对逆变器输出功角与电压的控制，实现有功、无功功率的控制。实际应用中常用频率替代功角，可得频率-有功功率下垂方程：

$$\omega = \omega_{\mathrm{n}} - m(P - P_{\mathrm{rate}}) \tag{8.1}$$

$$\theta = \omega_{\mathrm{n}}t - \int m(P - P_{\mathrm{rate}})\mathrm{d}t \tag{8.2}$$

式中：ω_{n} 为系统额定频率；ω 为逆变器角频率；θ 为逆变器相角；m 为有功下垂系数；P 为逆变器输出有功功率；P_{rate} 为额定功率。

由无功功率-电压下垂方程可得功率控制器提供的 dq 轴参考电压 v_{od}^{*} 和 v_{oq}^{*} 表示为

$$\begin{cases} v_{\mathrm{od}}^{*} = V_{\mathrm{n}} - nQ \\ v_{\mathrm{oq}}^{*} = 0 \end{cases} \tag{8.3}$$

式中：n 为无功下垂系数；V_{n} 为额定电压；Q 为逆变器输出无功功率。

8.1.2 引入功率微分项的下垂控制器

由逆变器这类电力电子装置构成的微电网没有传统电力系统中的旋转设备，受扰时系统中的硬件设备不能提供传统意义上的惯性，系统易发生振荡，甚至失稳。考虑到通过增加硬件设备提供惯性的方式会增加微电网建设成本和系统的复杂性，因此，从控制策略上进行改进更加方便与节约成本。经典下垂控制的方程为纯代数方程，其缺点是在系统受到扰动或者改变状态时，容易产生低频率的振荡，对系统稳定运行造成隐患。为消除此隐患，借鉴传统电力系统引入 PSS 抑制振荡的原理，在下垂方程中引入功率微分项，改进后的下垂方程为

$$\omega = \omega_{n} - m(P - P_{rate}) - m_{d}\frac{dP}{dt} \tag{8.4}$$

$$v_{od}^{*} = V_{n}t - nQ - n_{d}\frac{dQ}{dt} \tag{8.5}$$

式中：m_{d} 和 n_{d} 为功率微分系数。

文献 [2] 采用小信号稳定性分析的方法，通过对比分析下垂系数对两种控制策略下微电网系统特征根分布的影响，得出了结论：引入功率微分项有助于增加系统阻尼，能够使系统稳定的下垂系数 m 的取值范围增大，可以抑制受扰振荡，提高系统的稳定性。

图8-1是初始运行状态下逆变器输出功率增加 20% 时的时域仿真过程，从图中可以发现经典下垂控制受扰后系统失稳，而引入功率微分的下垂控制受扰后系统依然稳定。

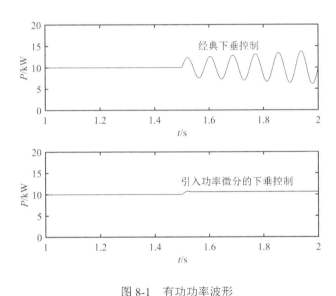

图 8-1　有功功率波形

8.2　并网换流器串联虚拟阻抗方法

8.2.1　输出阻抗模型

光伏、风机等分布式电源、蓄电池、恒功率负载和大电网都通过 DC-DC 或 AC-DC 换流器接入直流母线，直流母线电压是衡量直流微电网稳定运行的唯一指标。最大功率追踪（Maximum Powerpoint Tracking，MPPT）控制的分布式电源具有与恒功率负载相似的负阻抗特性，会减小系统阻尼，恒功率负载投切与弱阻尼 LC 滤波器之间互相影响，容易引起谐振，另外大量电力电子装置级联、并联也会引起母线电压的波动。从理论上来说，可以通过增大直流母线电容抑制直流母线电压振荡，但电解电容体积大、使用寿命短、功率密度低、成本高，不利于长期应用在直流微电网。针对直流微电网的稳定性问题，国内外学者展开了深入的研究。直流微电网是电力电

子主导的系统，低惯性会导致直流电压质量变差，因此，有学者提出了直流微电网虚拟惯性控制方法，文献 [3] 类比虚拟同步发电机的虚拟惯量，提出并网换流器的虚拟惯性策略，并采取输出电流前馈的方法平滑直流母线电压的动态响应。文献 [4] 在直流微电网小信号模型的基础上对虚拟惯性系数的选取范围进行了分析。文献 [5] 分析并提取并网换流器控制系统输出阻抗的尖峰量，在控制系统中将该尖峰函数以虚拟阻抗的形式补偿到原阻抗，达到减小输出阻抗的目的，并针对不同虚拟惯性系数和负载功率，给出了虚拟阻抗的具体计算过程。

电压源并网逆变器的拓扑结构及其控制策略如图8-2所示[4]。

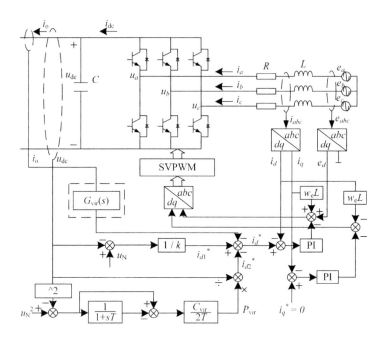

图 8-2   虚拟惯性控制的并网换流器控制结构

当分布式电源波动或负载波动时，为了抑制直流电压脉动，并网换流器增加了虚拟惯性控制。类比电容器充放电功率的表达式为

$$P_C = Cu\frac{\mathrm{d}u}{\mathrm{d}t} \tag{8.6}$$

文献 [5] 定义交流电网通过并网换流器向直流微电网提供的惯性功率为

$$P_{\mathrm{vir}} = C_{\mathrm{vir}}u_{\mathrm{dc}}\frac{\mathrm{d}u_{\mathrm{dc}}}{\mathrm{d}t} \tag{8.7}$$

式中：P_{vir} 为惯性功率；C_{vir} 为虚拟惯性系数；u_{dc} 为直流母线电压。u_{dc} 工作在额定值 u_N 附近，对式（8.7）进行变换得

$$\int_{t_0}^{t} P_{\mathrm{vir}}\mathrm{d}t = \int_{t_0}^{t} C_{\mathrm{vir}}u_{\mathrm{dc}}\frac{\mathrm{d}u_{\mathrm{dc}}}{\mathrm{d}t}\mathrm{d}t = \int \frac{1}{2}C_{\mathrm{vir}}\mathrm{d}u_{\mathrm{dc}}^2 = -\frac{1}{2}C_{\mathrm{vir}}(u_{\mathrm{dc}0}^2 - u_{\mathrm{dc}}^2) \tag{8.8}$$

即

$$P_{\mathrm{vir}} = -\frac{1}{2}C_{\mathrm{vir}}\frac{\mathrm{d}(u_{\mathrm{dc}0}^2 - u_{\mathrm{dc}}^2)}{\mathrm{d}t} = -\frac{1}{2}C_{\mathrm{vir}}\frac{\mathrm{d}(u_N^2 - u_{\mathrm{dc}}^2)}{\mathrm{d}t} \tag{8.9}$$

由于微分环节对高频噪声有放大效果，容易淹没信号，因此可以在控制中引入一阶惯性环

节，当时间常数 T 足够小，附加虚拟惯性功率可表示为

$$P_{\mathrm{vir}} = -\frac{C_{\mathrm{vir}}}{2T}(1 - \frac{1}{1+sT})(u_{\mathrm{N}}^2 - u_{\mathrm{dc}}^2) \tag{8.10}$$

通过推导，可以得到并网换流器的小信号模型，如图8-3所示。

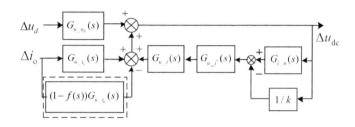

图 8-3　并网换流器小信号模型

文献 [5] 根据梅逊公式，得到并网换流器的输出阻抗

$$Z_{\mathrm{o}}(s) = \frac{\Delta u_{\mathrm{dc}}}{\Delta i_{\mathrm{o}}} = \frac{G_{u\_i_{\mathrm{o}}}(s)}{1 - G_{u\_i}(s)G_{i\_i^*}(s)\left[G_{i\_u}(s) - 1/k\right]} \tag{8.11}$$

8.2.2　串联虚拟阻抗参数设计

设并网换流器的额定容量为 30 kW，以虚拟惯性系数 $C_{\mathrm{vir}} = 16$ 为例，恒负载功率 $P = 15$ kW，系统参数如表8.1所示[5]。

表 8.1　并网换流器参数

参数	数值
滤波电感 L/H、电阻 R/Ω	0.0003、0.0007
直流母线电容 C/F	0.04
下垂系数 k	0.0667
PI 控制器比例积分系数 k_{p}、k_{i}	1、50
时间常数 T	0.05

根据有名值参数绘出输出阻抗 Z_{o}、分母 $1 - G_{u\_i}(s)G_{i\_i^*}(s)\left[G_{i\_u}(s) - 1/k\right]$、分子 $G_{u\_i_{\mathrm{o}}}(s)$ 的波特图如图8-4所示，从图中可以看出，在频率约 500Hz 时，Z_{o} 的幅值有一个明显的峰值，不利于系统稳定。分子 $G_{u\_i_{\mathrm{o}}}(s)$ 的幅频特性类似低通滤波器，是一条变化趋势平缓的曲线；分母的幅值变化曲线有比较明显的波折。Z_{o} 幅值等于分子幅值减去分母幅值，因此，导致 Z_{o} 出现峰值的因素在分母函数 D 中。

为研究分母 D 对阻抗峰值的影响[5]，将其转化成零极点表示的函数：

$$\begin{aligned} D = 1 - G_{u\_i}(s)G_{i\_i^*}(s)\left[G_{i\_u}(s) - 1/k\right] &= \frac{a_4 s^4 + a_3 s^3 + a_2 s^2 + a_1 s^1 + a_0}{b_4 s^4 + b_3 s^3 + b_2 s^2 + b_1 s^1 + b_0} \\ &= \frac{(s - z_1)(s - z_2)(s - z_3)(s - z_4)}{(s - p_1)(s - p_2)(s - p_3)(s - p_4)} \end{aligned} \tag{8.12}$$

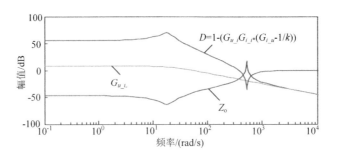

图 8-4 各函数波特图

通过计算，可得此时 D 有 4 对零极点，如表8.2所示。

表 8.2 并网换流器参数

零点	极点
$3.62 \pm j525\,34$	$-3.34 \pm j17.95$
-49.83	-20
-6.3	-22

对零极点进行幅频曲线分析发现，共轭极点 $3.34 \pm j17.95$ 导致 18Hz 处 Z_o 幅值下降，共轭零点 $3.62 \pm j525.34$ 导致 500Hz 处 Z_o 幅值突然增大，且在高频段表现出二阶低通滤波器倒数的特性。

为了削减 Z_o 峰值，文献 [5] 将主导峰值的零点 $3.62 \pm j525.34$ 取出，补偿到 Z_o 的分子 $G_{u\_i_o}(s)$ 中，令

$$f_1(s) = s^2 - 2 \times 3.62s + (3.62^2 + 525.34^2) \tag{8.13}$$

为了不影响其他频段的幅值，需要保证其他频段的补偿量为 0，加入二阶低通滤波器 $f_2(s)$ 将高频段的量抵消，考虑到低频段的幅值不能发生改变，令低通滤波器的增益为 3×10^{-5}，f_2 的表达式如式（8.14）所示：

$$f_2(s) = \frac{3 \times 10^{-6} \times 520^2}{s^2 + 520s + 520^2} \tag{8.14}$$

$$f(s) = f_1(s)f_2(s) \tag{8.15}$$

$f(s)$ 为总补偿函数，$f(s)$ 在峰值频段的幅值特性与 Z_o 相反，且其他频段的幅值为 0，满足上述要求，如图8-5所示。

将 $f(s)$ 与分子 $G_{u\_i_o}(s)$ 的幅值叠加，得到 Z_o 与虚拟阻抗 Z_{vir} 串联得到的输出阻抗 Z_{oo}：

$$
\begin{aligned}
Z_{oo}(s) &= \frac{f(s)G_{u\_i_o}(s)}{1 - G_{u\_i}(s)G_{i\_i^*}(s)\left(G_{i\_u}(s) - 1/k\right)} \\
&= \frac{G_{u\_i_o}(s) - [1 - f(s)]G_{u\_i_o}(s)}{1 - G_{u\_i}(s)G_{i\_i^*}(s)\left(G_{i\_u}(s) - 1/k\right)} \\
&= Z_o(s) + Z_{vir}(s)
\end{aligned}
\tag{8.16}
$$

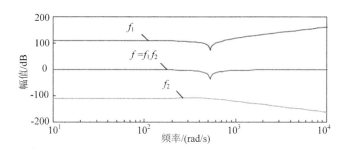

图 8-5 f_1、f_2 和 f 的波特图

串联虚拟阻抗前后输出阻抗的对数幅频曲线如图8-6所示，从图中可以看出，加入补偿后可以大大减小 Z_o 的峰值，使输出阻抗的对数幅值一直保持在 0dB 以下，且对其他频段的幅值和相位都没有影响。

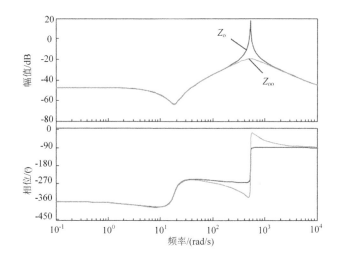

图 8-6 串联虚拟阻抗前后 Z_o 的波特图

为了控制上更好实现，将虚拟阻抗的引入点右移，作用到内环的参考电流 i_d^* 上，如图8-2中虚线框所示，最终的补偿量为

$$G_{\text{vir}}(s) = \frac{-(1-f(s))G_{u\_i_o}(s)}{G_{u\_i}(s)G_{i\_i^*}(s)} \tag{8.17}$$

文献 [5] 指出，在虚拟惯性系数 C_{vir} 变化的情况下，需要计算不同的补偿函数，选定 C_{vir} 的值后，选取 Z_o 峰值最大对应的补偿函数可以使系统稳定裕度最大。

8.3 微电网电压稳定裕度快速求取方法

传统的电压稳定裕度计算主要分为连续潮流法和非线性规划法（详见第 4 章）。在这两种方法之外，学界也一直在探索新的电压稳定裕度计算方法，希望能达到更高的计算效率。西班牙学安东尼奥在辅助因子两步求解算法的基础上，提出了一种基于二分法的电压稳定裕度快速计算方法，并在此基础上进行改进，通过抛物线近似的方式进一步提高了计算效率，本节将对此方法进行介绍。

8.3.1　算法原理

辅助因子两步求解算法在第 3 章中已经进行了详细介绍，该算法通过将原潮流方程式 $F(x)=0$ 变换为一组超定方程、一组欠定方程和辅助因子间的关系式来提高潮流计算的收敛性能，如式（8.18）所示：

$$\begin{cases} Ey = p \\ u = f(y) \\ Cx = u \end{cases} \tag{8.18}$$

该算法不仅可以提高微电网潮流计算的收敛性，同样可以用于计算微电网的电压稳定裕度。通常情况下，潮流计算以平启动开始计算（$V_i^0 = 1, \delta_i^0 = 0$），当潮流计算的电压幅值初值设定为复数（如 $V_i^0 = 1 + 0.1\mathrm{j}$）时，该算法在微电网负荷参数 $\lambda > \lambda_{\max}$ 时同样可以收敛到一个复数解，这是常规的潮流方程求解算法（如牛顿-拉夫逊算法等）不具备的能力。

以第 4 章中的微电网 115 节点算例为例进行说明，在不考虑功率越限情况下，该算例的最大负荷裕度 $\lambda_{\max} = 40.47$。设定初值 $V_i^0 = 1 + 0.1\mathrm{j}$，$\delta_i^0 = 0$，使用辅助因子两步求解算法对该算例进行潮流计算，在最大负荷裕度附近的潮流解如图8-7所示。可以发现当 $\lambda < \lambda_{\max}$ 时，以复数启动的潮流计算依然能收敛到准确解，其虚部值非常小；当 $\lambda > \lambda_{\max}$ 时，该算法同样可以收敛，但虚部值会迅速增大。

利用这一特性，就可以抛开连续潮流法烦琐的预测校正步骤。连续潮流法本质上是由于牛顿法在接近电压崩溃点附近容易出现雅可比矩阵奇异导致不收敛，因此需要引入参数化方程进行逐点迭代的计算，而该算法特性可以在电压崩溃点附近直接进行潮流计算，无须引入参数化方程。

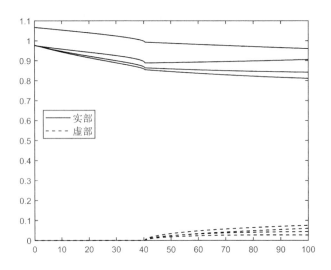

图 8-7　负荷增大时电压幅值变化情况

8.3.2　算法步骤

1. 二分法算法步骤

二分法通过在电压崩溃点附近不断进行二分搜索来逼近最大负荷裕度，当潮流计算结果虚部大于 ε_1（一个预设的小值）时，减小负荷参数，当潮流计算结果虚部小于 ε_1 时，增大负荷参数，具体步骤如下：

（1）设定初始负荷水平 λ_l，负荷参数增量 $\Delta\lambda$。

（2）$\lambda_r = \lambda_l + \Delta\lambda$，计算该负荷水平下的潮流解 V_m。若 $||\mathrm{Imag}(V_m)||_\infty < \varepsilon_1$，令 $\lambda_l = \lambda_r$，重复步骤（2）计算；否则进入步骤（3）。

（3）$\lambda_m = (\lambda_l + \lambda_r)/2$，计算该负荷水平下的潮流解 V_m，若 $||\mathrm{Imag}(V_m)||_\infty < \varepsilon_1$，$\lambda_l = \lambda_m$；否则 $\lambda_r = \lambda_m$。

（4）若 $|\lambda_l - \lambda_r| < \varepsilon_2$，停止计算，此时 λ_m 即为所需的最大负荷裕度，否则返回步骤（3）。

2. 抛物线近似算法步骤

二分法相比传统的连续潮流法已经极大地提高了计算速度，但由于需要在电压崩溃点附近不断进行二分检索，仍然需要一定的计算量。由图8-7可知，在 $\lambda > \lambda_{\max}$ 时，电压幅值的虚部快速增大，且与抛物线相似，因此，可以通过抛物线近似的方法来直接获得最大负荷裕度，进一步提高计算效率。

抛物线方程如下式所示：

$$\lambda = a \cdot [\mathrm{Im}(V_i)]^2 + b \cdot \mathrm{Im}(V_i) + c \tag{8.19}$$

由图8-7可知，该曲线顶点位于 x 轴上，因此 $b = 0$，只需在抛物线虚部曲线上取得两点，就可以通过式（8.20）解得参数 a、c，参数 c 即为所求的 $\lambda_{\max}$。

$$\begin{bmatrix} \mathrm{Im}(V_1)^2 & 1 \\ \mathrm{Im}(V_2)^2 & 1 \end{bmatrix} \begin{bmatrix} a \\ c \end{bmatrix} = \begin{bmatrix} \lambda_1 \\ \lambda_2 \end{bmatrix} \tag{8.20}$$

具体步骤如下：

（1）设定初始负荷水平 λ，负荷参数增量 $\Delta\lambda$。

（2）$\lambda = \lambda + \Delta\lambda$，计算该负荷水平下的潮流解 V_m。若 $||\mathrm{Imag}(V_m)||_\infty < \varepsilon_1$，重复步骤（2）计算；否则进入步骤（3）。

（3）$\lambda_1 = \lambda$，$\mathrm{Im}(V_1) = \mathrm{Imag}(V_m)_{\max}$。$\lambda_2 = \lambda_1 + \Delta\lambda$，计算 λ_2 负荷水平下的潮流解 V_m，$\mathrm{Im}(V_2) = \mathrm{Imag}(V_m)_{\max}$，通过式（8.20）获得 $\lambda_{\max} = c$。

8.3.3　算例分析

以 115 节点微电网为例进行分析，分别采用传统连续潮流算法、二分法、抛物线近似法进行最大负荷裕度计算。设置连续潮流算法步长为 0.2，负荷增量 $\Delta\lambda = 1.5$，计算结果见表8.3。

表 8.3 算法对比

算法	λ_{max}	误差	耗时/s
传统连续潮流算法	40.470	/	9.1745
二分法	40.4711	0.00%	1.6199
抛物线近似法	40.4556	0.04%	0.6879

从表8.3中可以看出，在精度方面，基于辅助因子两步求解算法的二分法求得的 λ_{max} 与准确解非常接近，几乎不存在误差。抛物线近似法求得的 λ_{max} 同样与准确解较为接近，误差仅为0.04%。但在计算效率方面，二分法的计算时间仅为传统连续潮流算法的 1/6，而抛物线近似法的计算时间则为二分法的 1/3，进一步提升了计算效率。

因此，本节所介绍的两种方法可以作为传统连续潮流算法的补充，在对于精度要求较高的场合，可以采用二分法进行计算；在对于精度要求不高，而对及时性要求高的场合，可以采用抛物线近似法进行计算。

8.4 储能技术

微电网作为分布式电源大量渗透到地区配电网的载体，其发展带有重要的使命。而储能技术作为微电网的核心技术之一，对微电网的全面智能化发展，最终成为适宜分布式发电发展区域的配电网络制式具有重要的意义。完整的微电网离不开完善的储能装备，研究储能技术的主要目的是保证微电网可以在任何情况下都能够稳定运行。

首先，当外部电网发生故障时，微电网需要将自己从电网中切除，进入孤岛运行状态，来保证微电网内重要负荷和敏感负荷的供电安全性，提高所在地区的供电可靠性和电能质量。但是当微电网工作在孤岛状态时，其中一些分布式电源的输出波动较大，十分容易造成交流微电网中能量的不均衡，此时就需要分布式电源迅速地对系统的功率变化做出相应的调节。可以利用储能装置来吸收或释放出需要的功率，从而达到负荷侧需求和分布式电源出力之间快速平衡的目的。

其次，当微电网在联网运行状态和孤岛运行状态之间切换时储能可以起到的作用，可以大幅度地减少微电网系统因运行模式切换而受到的暂态冲击，迅速地过渡到稳态运行。

储能的形式多种多样，在传统大电网中的应用也比较常见。在电力系统中起到调峰、调频作用的抽水蓄能储能电站是目前应用比较广泛、技术也最为成熟的。由于大电网中的发电装置大部分是旋转的同步电机，整个系统的转动惯量很大，大电网的电压和频率稳定性都比较容易控制。然而微电网由于采用了很多风电、光伏等间歇式电源，导致其等效转动惯量低下，系统的自平衡能力很弱，电压和频率的稳定都很难自我控制。所以，微电网比大电网更加需要配置储能装置，其稳定性和电能质量的保证更加依赖完善的储能技术和方案。

据统计，在国外 9 个国家 20 个微电网示范项目中，50% 的项目配置了储能系统，国内目前已开展的 14 个微电网试点工程中，13 个配置了储能系统。微电网中的储能装置形式多样，安装位置灵活，在合理地控制下可以对微电网的稳定运行提供一定的支撑。

目前国内外的微电网试点工程项目中采用的储能装置大都是蓄电池储能装置，储能系统的组成比较单一。虽然现有的蓄电池储能装置和储能技术可以在一定程度上加强微电网的自恢复能力，从而加强微电网的稳定性，但是微电网的智能化发展需要更多的储能技术应用到当中去。

例如超级电容器储能，相比于蓄电池储能它的优点是功率密度高，安全系数比较高，循环寿命比较长，充放电速度比较快，工作效率比较高，维护简单，维护量小等；超导储能相比于蓄电池储能的优点也有很多，例如质量轻、循环寿命长、反应快、体积小、工作效率高，无污染等。所以必须充分利用不同储能装置各自的特点，因地制宜地使用它们，必要的时候还需要合理地配合使用它们，使各个储能装置都各尽其能，从而使整个储能系统在为微电网的稳定性提供有力的保障的同时，使储能系统的容量配置达到最优，兼顾系统的经济性。

储能系统在微电网中发挥的作用主要有以下几个方面：

（1）提高短时供电

微电网有两种典型的运行模式：并网运行模式和孤岛运行模式。在正常情况下，微电网与常规配电网并网运行；当电网出现故障或发生电能质量事件时，微电网将及时与电网断开独立运行。为避免微电网在这两种模式的转换中所伴随的有一定功率缺额的情况，可以在系统中安装一定的储能装置储存能量，这样就能保证在这两种模式转换下的平稳过渡，保证系统的稳定。在新能源发电中，由于外界条件的不确定性，会导致经常没有电能输出（光伏发电的夜间、风力发电无风等），这时就需要储能系统向系统中的用户持续供电。

（2）电力调峰

微电网中的微源主要由分布式电源组成，这就导致其负荷量不可能始终保持不变，且天气的变化等情况也会使其发生波动。另外一般微电网的规模较小，系统的自我调节能力较差，电网及负荷的波动就会对微电网的稳定运行造成十分严重的影响。为了调节系统中的峰值负荷，就必须使用调峰电厂来解决，但是现阶段主要运行的调峰电厂，运行昂贵，实现困难。

储能系统可以有效地解决这个问题，它可以在负荷低落时储存电源的多余电能，而在负荷高峰时回馈给微电网以调节功率需求。储能系统作为微电网必要的能量缓冲环节，其作用越来越重要。它不仅避免了为满足峰值负荷而安装的发电机组，同时充分利用了负荷低谷时机组的发电，避免浪费。

（3）提高微电网的电能质量

微电网的运行机制和微源的特性决定了其在运行过程中易产生电能质量问题。微源向微电网的投切过程、微电网向大电网的投切过程、微源和负荷的随机性功率变化，会产生如电压波形畸变、直流偏移、频率波动、功率因数降低和三相不平衡等电压质量问题。尤其是在包括风电或光伏等可再生能源发电的微电网中，微源输出功率的间歇性、随机性和基于电力电子装置的发电方式会进一步加剧系统的电能质量问题。储能系统通过对微电网并网逆变器的控制，就可以调节储能系统向电网和负荷提供有功和无功，达到提高电能质量的目的，因此储能系统对于微电网电能质量的提高起着十分重要的作用。

对于微电网中的光伏或者风电等微电源，外在条件的变化会导致输出功率的变化从而引起电能质量的下降。如果将这类微电源与储能装置结合，就可以很好地解决电压骤降、电压跌落等电能质量问题。针对系统故障引发的瞬时停电、电压骤升、电压骤降等问题，此时利用储能装置提供快速功率缓冲，吸收或补充电能，提供有功功率支撑，进行有功或无功补偿，以稳定、平滑电网电压的波动。当微电网与大电网并联运行时，微电网能够补偿谐波电流和负载尖峰；当微电网与大电网断开孤岛运行时，储能系统能够很好地保持电压稳定。

（4）提高微电源的性能

多数诸如太阳能、风能、潮汐能等可再生能源，由于其能量本身具有不均匀性和不可控性，输出的电能可能随时发生变化。当外界的光照、温度、风力等发生变化时，微源相应的输出能量就会发生变化，这就决定了系统需要一定的起过渡作用的储能装置来储存能量，如太阳能发电的夜间，风力发电在无风的情况下，或者其他类型的微电源正处于维修期间，而其储能的多少主要取决于负荷需求。

到目前为止，国内外针对微电网储能系统的研究比较广泛。微电网可应用的储能方式主要有蓄电池储能、超导储能、飞轮储能、超级电容器储能、压缩空气储能、抽水蓄能等。随着越来越多的新能源发电并入微电网，单一储能技术已无法满足微电网对自身电压和频率稳定性的要求。所以需要充分利用不同储能装置各自的特点，因地制宜地使用它们，必要的时候还需要合理地配合使用它们，使各个储能装置都各尽其能，这一点已经成为储能研究的一个新热点。

在国内，微电网储能技术的研究还处于初级阶段的水平，与国际发达国家还有一定的差距。但是随着各地微电网工程项目的建设，相关研究也有了一个不错的进展。目前关于微电网储能技术的研究主要集中在单一储能装置或两种储能装置混合的控制策略方面，很少有关于储能装置的容量优化配置的研究，结合储能装置控制策略和容量优化配置的相关研究更少。关于微电网中的储能技术，我们需要更加广泛和深入地去研究。

在国外，关于微电网储能技术的研究也比较广泛。在新加坡，研究人员提出了具有高能量密度和高功率密度的超级电容器和蓄电池的复合储能技术，并通过能量管理系统来满足储能系统在长期和短期的不同需求。在印度，学者针对含有蓄电池储能的微电网的控制策略进行了分析，蓄电池所用逆变器采用了电流控制，并对电流控制的三种方法进行了分析和比较。在日本，研究人员对微电网的储能系统运用了串联控制和本地控制相结合的复合控制方法来优化储能系统的容量配置。在丹麦，学者对微电网储能系统在实际微电网中运行时由于通信等导致的延迟问题进行了分析和优化。美国、加拿大、西班牙等发达国家对于微电网储能技术的研究也都十分普遍。每个国家的研究人员根据自己国情的不同研究侧重点都不尽相同。

针对储能装置起到的作用，目前电能的存储形式可分为机械储能、电磁储能和电化学储能三大类，如图 8-8 所示。

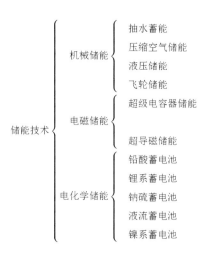

图 8-8　储能技术分类

（1）蓄电池储能

蓄电池储能是目前微电网中应用最广泛、最有前途的储能方式之一。蓄电池储能可以解决系统高峰负荷时的电能需求，也可用蓄电池储能来协助无功补偿装置，有利于抑制电压波动和闪变。然而蓄电池的充电电压不能太高，要求充电器具有稳压和限压功能。蓄电池的充电电流不能过大，要求充电器具有稳流和限流功能，所以它的充电回路也比较复杂。另外充电时间长，充放电次数仅数百次，因此限制了使用寿命，维修费用高。如果过度充电或短路容易爆炸，在安全方面稍逊于其他储能方式。另外蓄电池中使用了铅等有害金属，所以其还会造成环境污染。蓄电池的效率一般在 60%~80% 范围，取决于使用的周期和电化学性质。

（2）超导储能

超导储能系统利用由超导体制成的线圈，将电网供电励磁产生的磁场能量储存起来，在需要时再将储存的能量送回电网或直接给负荷供电。

超导储能与其他储能技术相比，由于可以长期无损耗储存能量，能量返回效率很高；并且能量的释放速度快，通常只需几秒钟，因此采用超导储能可使电网电压、频率、有功和无功功率容易调节。但是，超导体由于价格太高，造成了一次性投资太大，难以大规模投入使用。随着高温超导和电力电子技术的快速发展，超导储能装置在电力系统中有了更加广泛的应用，将超导储能和现代电力电子变换技术相结合，可以实现它与电力系统的快速高效能量交换，从而以较小的储能容量实现较大的功率调节，在提高电力系统的动态稳定性和保证供电品质方面有着独特的优势。

（3）飞轮储能

现代飞轮储能技术主要包括低速飞轮储能和高速飞轮储能两类。飞轮储能兼顾高能量密度和高功率密度的优点，循环寿命长，具有较好的应用前景。储能应用于微电网稳定控制或电能质量控制时，需频繁释放或吸收能量，因此低速飞轮和高速飞轮均具有较好的适应性。飞轮储能的原理如图8-9所示。当飞轮存储能量时，电动机带动飞轮旋转加速，飞轮将电能转化为机械能；当外部负载需要能量时，飞轮带动发电机旋转，将动能变换为电能输送出去，并通过电力电子装置对输出电能进行频率、电压的变换，满足负载的需求。

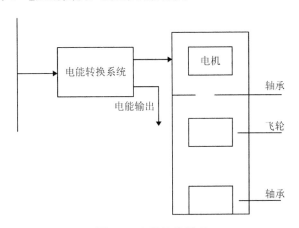

图 8-9　飞轮储能原理

飞轮储能具有效率高、建设周期短、寿命长、储能量高等优点，并且充电快捷，充放电次数无限，对环境无污染。但是，飞轮储能的维护费用相对其他储能方式要昂贵得多。

（4）超级电容器储能

根据储能原理的不同，超级电容器可以分为双电层电容器和电化学电容器。超级电容器是由特殊材料制作的多孔介质，它比普通电容器具有更高的介电常数、更大的耐压能力和更大的存储容量，同时又保持了传统电容器释放能量快的特点，在储能领域中受到越来越多的重视。

超级电容器作为一种新兴的储能元件，较之于其他储能方式有很大的优势。超级电容器与蓄电池比较具有功率密度大、充放电循环寿命长、充放电效率高、充放电速率快、高低温性能好、能量储存寿命长等特点。与飞轮储能和超导储能相比，它在工作过程中没有运动部件，维护工作极少，相应的可靠性非常高。这样的特点使得它在应用于微电网中有一定优势。在边远的缺电地区，太阳能和风能是最方便的能源，作为这两种电能的储能系统，蓄电池有使用寿命短、有污染的弱点，超导储能和飞轮储能成本太高，超级电容器成为较为理想的储能装置。超级电容器适用于大功率频繁充放电场合，在微电网中对稳定控制、电能质量治理等具有较高适应性。

但是超级电容器也存在不少缺点，主要有能量密度低、端电压波动范围比较大、电容的串联均压问题。

（5）其他储能

在微电网系统中，除了以上几种储能方式外，还有可能用到抽水储能、压缩空气储能等。抽水储能在集中方式中用得较多，并且主要用来调峰。压缩空气储能是将空气压缩到高压容器中，它是一种调峰用燃气轮机发电厂，但是当负荷需要时消耗的燃气比常规燃气轮机消耗的要少40%。现阶段由于技术和成本的原因，铅酸蓄电池的优势还比较明显，但是从长远考虑，随着其他储能方式价格的下降，技术的成熟和环保要求的逐渐提高，其他储能以及混合储能将会在微电网中得到更加广泛的运用。

8.5　虚拟同步电机技术

并网逆变器作为可再生能源与配电网（微电网）之间的纽带，其功能的深入挖掘一直是学术研究的热点。和传统大电网中的同步发电机相比，常规并网逆变器由于响应速度较快，缺乏转动惯量，导致其很难参与电网调节，这就是所谓的并网逆变器"只出工不出力"现象。当配电网出现扰动时，常规并网逆变器很难为其提供必要的电压和频率支撑。随着可再生能源发电的渗透率逐步提高，其对电力系统的稳定运行将是一个巨大的挑战。为了改善这一现象，有学者模拟同步发电机的功率下垂机制，提出下垂控制策略，控制框图如图8-10所示，通过实时测量逆变器的输出功率，并利用有功频率和无功电压的近似解耦关系，构建有功频率下垂控制单元和无功电压下垂控制单元，进而产生电压环的输入指令信号，再由逆变器根据该信号调整输出电压的幅值和频率，从而合理地分配系统的有功和无功功率。然而，下垂控制只是针对同步发电机下垂外特性的简单近似，并没有展现同步发电机的真实运行特性。并且随着分布式电源渗透率的提高和微电网规模的不断扩大，逆变器惯性低、输出阻抗小、过载能力差的缺点将体现得更加明显。下垂控制虽然模拟了同步发电机的调频调压特性，但在动态特性上，与同步发电机还有较大差距，不利于逆变器的稳定运行。

在实际的同步发电机中，其调速特性通常表现为：系统中的负荷突增时，同步发电机输出的功率会出现缺额，这时会引起其机械功率与电磁功率的不平衡，同步发电机首先将会通过释放动能的方式来弥补这部分缺额，从而就会造成其转速下降，在转子转速下降的过程中，由于受到惯性的影响，其下降速度呈现出一种缓慢变化的状态，最后通过调速器的调节，转速会达到新的稳态值，这一调节过程所需要的时间大概是几秒到几十秒。

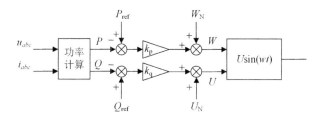

图 8-10 下垂控制框图

从同步发电机的调速特性可以看出，正是由于转子惯性的存在，使得同步发电机的转速下降缓慢，也即其输出频率具有一定的抗扰动能力。相比于同步发电机，分布式电源的响应特性则与之有很大的不同。基于电力电子器件的分布式电源其响应速度很快，通常为几十毫秒，其本身也不具备旋转惯性，当系统中出现扰动时，即使采用下垂控制，扰动的发生也会造成系统频率的快速变化，从而威胁到系统的安全稳定运行。对此，为了在逆变器中引入同步发电机的"同步"机制，有学者提出一种新型的控制方案，该策略借助微电网的储能单元，对传统并网逆变器的控制算法加以改进，使其能够模拟出同步发电机的机电暂态特性以及阻尼功率振荡的能力，动态的弥补功率差额，减少频率波动的程度，从而帮助改善系统的稳定性，提高微电网和配电网对分布式电源的接纳能力，这就是虚拟同步发电机控制技术（Virtual Synchronous Generator，VSG）。该技术可使逆变器表现出类似于同步发电机的外特性，有利于提高微电网的稳定运行能力，因此有望成为分布式逆变电源接入微电网系统的重要技术。

和下垂控制相比，虚拟同步发电机控制算法不仅可以具有稳态的功率下垂特性，而且还可模拟同步发电机的转子惯性，动态弥补功率的差额，减少频率波动的程度，有望成为分布式逆变电源接入微电网系统的主流技术。虚拟同步发电机控制的基本思想和概念最早是在欧洲的 VSYNC工程中提出的，相关的理论思想可以参考文献 [11]。在文献 [11] 所提出的方案中，分布式电源的输出电流通过同步发电机的模型方程来控制，整个分布式电源可等效为一个功率源，奠定了同步发电机控制思想的基础。但采用这一控制算法时，分布式电源不易工作在独立的自治模式下。依托此工程，比利时鲁汶大学、德国克劳斯塔尔工业大学等提出了电流型控制策略，这些方案不能够为电网提供电压和频率支撑，不适合分布式电源占比较大的微电网。为了弥补电流控制型方案的不足，许多学者提出了电压控制型的 VSG，德国克劳斯塔尔工业大学通过改变定子方程的实现方式，得到了电压控制型的 VSG。英国谢菲尔德大学的钟庆昌教授提出了"同步"的概念，比较全面地模拟了同步发电机的电磁特性、惯性和调频调压特性。此外，美国、日本、挪威等学者也都提出了各自的方案，我国合肥工业大学、浙江大学、清华大学等高校也先后对此展开了研究，取得了显著的效果。

近年来，不断有学者对虚拟同步发电机技术提出了改进和完善措施，文献 [12] 详细比较了虚拟同步发电机技术与下垂控制在孤岛模式以及并网模式下各自的动态特性，通过系统的小信号等效模型分析负载扰动时两种控制方案频率的暂态响应，同时建立状态空间方程用于分析 VSG有功功率振荡，指出可通过调节阻尼系数以及系统输出阻抗来达到抑制振荡的目的。文献 [13]提出一种频率自适应控制算法，通过动态调整转动惯量以及阻尼转矩，减小为抑制网侧频率波动所消耗的储能，从而降低调频过程的能量消耗。但是，该控制方法以牺牲频率的平滑输出为代价，并且在特定的负荷波动情况下可能消耗更多的储能。文献 [14] 提出了一种自适应虚拟转子惯量的 VSG 控制算法，并通过对分布式电源小信号模型的分析，确定了自适应转子惯量系数的选取原则，该方法可以动态地调整系统有功环路的阻尼比，显著提高有功输出的暂态特性。文献 [15] 将 VSG 技术应用于电动汽车入网系统（Vehicle to Grid，V2G），利用电动车的蓄电池实现电动汽车与电网的交互，并且利用 VSG 并离网无缝切换特性实现本地储能的热备用以及孤岛模式的不间断供电。也有学者研究了应用于光伏发电系统的 VSG 控制技术，通过引入储能环节平滑光伏并网逆变器的功率输出，在实现削峰填谷的同时，加大系统的惯性，对增强系统稳定性以及改善电网频率有显著的效果。还有研究通过系统小信号等效分析方法建立了 VSG 的工频小信号模型，并给出了有功环路和无功环路相关参数的设计方法，且均通过仿真和实验手段验证了 VSG 相比于传统控制方法的优势。值得指出的是，传统的同步发电机由于自身物理特性的约束，其惯性时间常数通常为正值，而在电力电子变换器中，虚拟同步发电机控制技术的时间常数是一个和转动惯量有关的函数，可以通过改变相关参数而任意调节其惯性时间常数，进而覆盖传统同步发电机无法达到的时间尺度，使得虚拟同步发电机的控制更加灵活多样。

在虚拟同步发电机的工程应用方面，我国走在了世界前列：2016 年 9 月，全球首套分布式虚拟同步发电机在天津成功挂网；2016 年 11 月，由国电南瑞集团研制的 500 kW 光伏虚拟同步机在张北风光储输基地并网成功，这是全球首套大功率光伏虚拟同步机并网；2017 年 12 月，世界首个具备虚拟同步机功能的新能源电站在张北正式投运。

然而以上理论研究以及示范工程大多着眼于逆变器接口的有功频率控制环节，通过模拟真实同步发电机的转动惯量和阻尼特性，达到提高电网频率稳定性的目的。但是，通过分析张北已经完成的 24 台共 120 MW 光伏逆变器的虚拟同步机技术改造实例，发现其存在系统参数整定不合理、调频支撑能力不足等技术问题，相关的解决措施还有待探索。

同时，虚拟同步发电机技术本质上属于下垂控制的延伸，无法避免微电网中普遍存在的有功无功耦合问题，其有功频率和无功电压控制通道之间可能相互影响，从而降低系统控制的精度；同时虚拟同步发电机通常可实现一次调频调压控制，在微电网孤岛运行时，需要讨论如何实现虚拟同步发电机技术的二次电压和频率控制。

8.5.1 虚拟同步机输出外特性分析

孤岛状态下，若微电网交流母线电压为参考值，考虑单个虚拟同步机（包括滤波器电路）在微电网中的功角关系，则可得到其输出等效模型，忽略虚拟同步机的内阻，将线路阻抗表示为 $Z\angle\theta = R_g + jX_g$，其输出电压可以表示为 $U\angle\delta$，其中 δ 表示虚拟同步机输出电压与交流母线电压 $U_g\angle 0$ 的相位差，则得到的等效模型与矢量关系如图8-11和图8-12所示。

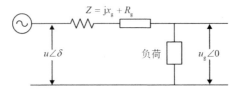

图 8-11　虚拟同步机功角输出等效电路

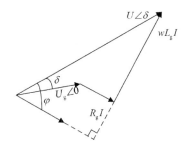

图 8-12　虚拟同步机功角向量示意图

若将虚拟同步机的输出复功率表示为

$$
\begin{aligned}
S = P + \mathrm{j}Q &= U\angle\delta\,\frac{U\angle\delta - U_\mathrm{g}}{Z\angle\theta} \\
&= U\angle\delta\,\frac{U\angle-\delta - U_\mathrm{g}}{Z\angle-\theta} \\
&= \frac{U^2\angle\theta - UU_\mathrm{g}\angle\delta+\theta}{Z}
\end{aligned}
\tag{8.21}
$$

则虚拟同步机的输出有功功率和无功功率可以表示为

$$
\begin{cases}
P = \dfrac{U^2}{Z}\cos\theta - \dfrac{UU_\mathrm{g}}{Z}\cos(\theta+\delta) \\[2mm]
Q = \dfrac{U^2}{Z}\sin\theta - \dfrac{UU_\mathrm{g}}{Z}\sin(\theta+\delta)
\end{cases}
\tag{8.22}
$$

代入具体电路参数 $Z\angle\theta = R_\mathrm{g} + \mathrm{j}X_\mathrm{g}$，则虚拟同步机的输出有功功率和无功功率可以表示为

$$
\begin{cases}
P = \dfrac{3U}{R_\mathrm{g}^2 + X_\mathrm{g}^2}[(U - U_\mathrm{g}\cos\delta)R_\mathrm{g} + U_\mathrm{g}X_\mathrm{g}\sin\delta] \\[2mm]
Q = \dfrac{3U}{R_\mathrm{g}^2 + X_\mathrm{g}^2}[(U - U_\mathrm{g}\cos\delta)X_\mathrm{g} - U_\mathrm{g}R_\mathrm{g}\sin\delta]
\end{cases}
\tag{8.23}
$$

可以看出，虚拟同步机输出功率与两侧相位差、线路阻抗都有关系。虚拟同步机输出功角体现了功率潮流的流动方向和压降方向；而针对不同的应用场景，等效阻抗的不同决定了在控制上所采取不同的方法，进行电压和频率的解耦控制。通常情况下，研究线路阻抗为纯感性、纯阻性、阻感性好，逆变器输出的功率的表达式，从而决定控制策略。

当线路阻抗呈纯阻性，即 $Z\angle 0° = R_\mathrm{g}$（当 δ 很小时，有 $\cos\delta \approx 1\ \sin\delta = \delta$）：

$$
\begin{cases}
P = \dfrac{3U(U - U_\mathrm{g}\cos\delta)}{R_\mathrm{g}} = \dfrac{3U(U - U_\mathrm{g})}{R_\mathrm{g}} \\[2mm]
Q = \dfrac{3UU_\mathrm{g}\sin\delta}{R_\mathrm{g}} = \dfrac{3UU_\mathrm{g}\delta}{R_\mathrm{g}}
\end{cases}
\tag{8.24}
$$

$$
\begin{cases}
\dfrac{\partial P}{\partial\delta} = 0,\ \dfrac{\partial P}{\partial U} = \dfrac{3(2U - U_\mathrm{g})}{R_\mathrm{g}} \\[2mm]
\dfrac{\partial Q}{\partial\delta} = \dfrac{3UU_\mathrm{g}}{R_\mathrm{g}},\ \dfrac{\partial Q}{\partial U} = \dfrac{3U_\mathrm{g}}{R_\mathrm{g}}\delta
\end{cases}
\tag{8.25}
$$

此时，有功功率 P 受功角变化影响更为明显，无功功率 Q 与输出电压相关。设计有功-频率，无功-电压的虚拟同步机特性曲线，即可根据负荷变化，实现调频调压过程。

当线路阻抗呈纯感性，即 $Z\angle 90^\circ = X_g$（当 δ 很小时，有 $\cos\delta \approx 1, \sin\delta = \delta$）：

$$\begin{cases} P = \dfrac{3UU_g}{X_g}\delta \\ Q = \dfrac{3U(U-U_g)}{X_g} \end{cases} \tag{8.26}$$

\

$$\begin{cases} \dfrac{\partial P}{\partial \delta} = \dfrac{3UU_g}{X_g}, \dfrac{\partial P}{\partial U} = \dfrac{3U_g}{X_g}\delta \\ \dfrac{\partial Q}{\partial \delta} = 0, \dfrac{\partial Q}{\partial U} = \dfrac{3(2U-U_g)}{X_g}\delta \end{cases} \tag{8.27}$$

此时，有功功率 受功角变化影响更为明显，无功功率 Q 与输出电压相关。设计有功-频率，无功-电压的虚拟同步机特性曲线，即可根据负荷变化，实现调频调压过程。

当线路阻抗呈阻感性，即 $Z\angle\theta = R_g + jX_g$（当 δ 很小时，有 $\cos\delta \approx 1, \sin\delta = \delta$）：

$$\begin{cases} P = \dfrac{3U}{R_g^2+X_g^2}[(U-U_g)R_g + U_gX_g\delta] \\ Q = \dfrac{3U}{R_g^2+X_g^2}[(U-U_g)X_g - U_gR_g\delta] \end{cases} \tag{8.28}$$

\

$$\begin{cases} \dfrac{\partial P}{\partial \delta} = \dfrac{3UU_gX_g}{R_g^2+X_g^2}, \dfrac{\partial P}{\partial U} = \dfrac{3R_g}{R_g^2+X_g^2}(2U-U_g) + \dfrac{3\delta U_gX_g}{R_g^2+X_g^2} \\ \dfrac{\partial Q}{\partial \delta} = \dfrac{3UU_gR_g}{R_g^2+X_g^2}, \dfrac{\partial Q}{\partial U} = \dfrac{3X_g}{R_g^2+X_g^2}(2U-U_g) - \dfrac{3\delta U_gR_g}{R_g^2+X_g^2} \end{cases} \tag{8.29}$$

此情况下，有功功率和无功功率与功角和电压的精合度均较高，需要设计有功-频率-电压、无功-频率-电压的虚拟同步机特性曲线，才能进行负荷变化时的调频调压，但是由于此情况下无法进行频率和电压的解耦控制，控制过程会相互影响，因此需要更精确的解精算法，才能提升系统动态性能，保持系统稳定性。在高压传输线路参数中，电抗值远大于电阻值且功角较小；在中低压线路上二者的值基本接近或电阻值更大。

8.5.2 虚拟同步机控制框图

1. 虚拟同步机整体控制框图

基于 VSG 的微电网逆变器的整体控制结构如图8-13所示。其中 u_{dc} 为直流侧电压；L、C 分别是滤波电感和滤波电容；i_{Labc}、u_{abc}、i_{abc}、u_{dq}、i_{dq} 分别是电感电流、输出电压、输出电流以及相应的 dq 坐标系下分量；P_e、Q_e、P_{set}、Q_{set} 分别是经过滤波后得到的输出有功和无功以及参考有功和无功；W、u_{ref} 分别是经过有功调频和无功调压所得虚拟转子角速度和电压参考值；u_{dref}、u_{qref} 分别是经过虚拟阻抗所得电压 dq 轴参考值。

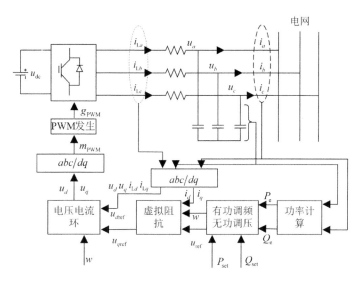

图 8-13　整体控制框图

由图8-13可知，VSG 的整体控制结构可分为四层。第一层为功率计算模块，VSG 采集逆变器输出电压、电流计算逆变器输出有功、无功。第二层为 VSG 算法模块，其中又可分为有功调频和无功调压部分和虚拟阻抗部分，由上层得到的功率经过模拟同步发电机的二阶机电暂态模型、阻抗模型得到端口电压给定值。第三层为电压电流双环控制，用以精确跟踪第二层计算出的电压值。第四层为 PWM 驱动模块，电压电流环得到的调制信号 m_{PWM}，用于生成 PWM 的驱动脉冲 g_{PWM}。

2. 有功功率-频率控制环

类比传统同步发电机的二阶模型，转子机械方程如下式所示。这里假设虚拟同步发电机的极对数为1，其电气角速度与机械角度度相等：

$$\begin{cases} J\dfrac{\mathrm{d}w}{\mathrm{d}t} = T_\mathrm{m} - T_\mathrm{e} - T_\mathrm{d} = \dfrac{P_\mathrm{m}}{w_\mathrm{N}} - \dfrac{P_\mathrm{e}}{w_\mathrm{N}} - D(w - w_\mathrm{N}) \\ \dfrac{\mathrm{d}\delta}{\mathrm{d}t} = w - w_\mathrm{N} \end{cases} \tag{8.30}$$

式中：J 是转动惯量；δ 是虚拟同步发电机的功角；w 和 w_N 分别是输出角频率和额定角频率；T_m 和 T_e 分别是机械转矩和电磁转矩，T_d 来自机械摩擦、定子损耗、励磁和阻尼绕组的阻尼转矩；D 为与阻尼转矩相对应的阻尼系数；P_m 和 P_e 分别是机械功率和电磁功率。

根据公式得有功频率控制框图如图8-14所示。

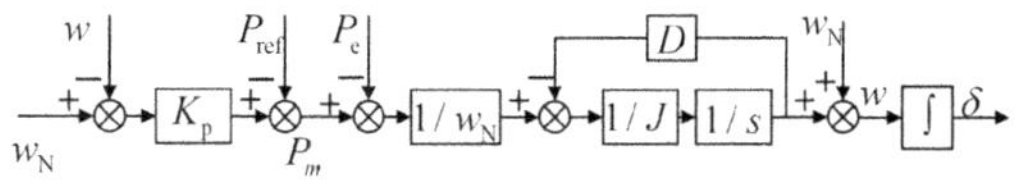

图 8-14　有功频率控制框图

3. 无功功率-电压控制环

在无功电压控制方面，VSG 控制模拟了同步机的一次调压特性，参考电压由下垂控制中获得，模型如下：

$$u_{ref} = u_N + K_q(Q_{ref} - Q)$$

式中：u_{ref}、u_N 分别为 VSG 参考电压幅值和额定电压；K_q 为无功-电压下垂系数；Q_{ref}、Q 分别为逆变器参考无功输入（上层调度指令）和实际无功输出。由公式所得控制框图如图8-15所示。

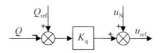

图 8-15 无功调压控制框图

4. 电压电流控制环

为了能精确跟踪上节输出值，这就要求内环具有较好的跟踪性能。常采用电压电流环，电压外环采用比例积分环节，电流内环采用比例环节。电压外环主要向电流内环控制器提供电流参考值，电流内环则通过对电流跟踪控制利用比例环节得到控制 PWM 的调制电压，控制框图如图8-16所示。图中，C_f、L_f 分别为滤波电容与滤波电感。

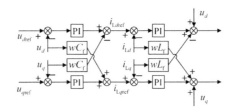

图 8-16 电压电流环控制框图

5. 虚拟阻抗环

考虑到同步发电机模型中涉及的电压方程，为了更加近似模拟同步机准静态特性，增加虚拟阻抗环节，模型如下：

$$\begin{cases} u_{dref} = -R_v i_d - L_v \dfrac{di_v}{dt} + wL_v i_q + u_{ref} \\ u_{qref} = -R_v i_v - L_v \dfrac{di_q}{dt} + wL_v i_d + 0 \end{cases} \tag{8.31}$$

式中：i_d、i_q 为滤波后得到的电流 dq 分量；u_{ref} 为上节无功环节输出电压；u_{dref}、u_{qref} 为下节电压 dq 分量；R_v、x_v 为虚电阻和电抗。

如图8-17所示，加入虚拟阻抗后的 VSG 控制更加接近同步机的基本特性，而且虚拟阻抗有利于功率的解耦和精确分配、抑制并联 VSG 之间的环流，从而提高虚拟同步机并联运行的稳定性。

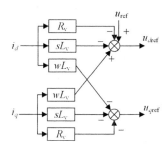

图 8-17　虚拟阻抗控制框图

8.6　交直流混合技术

电力电子技术的快速发展使得越来越多的如光伏、储能等直流 DG 及电动汽车、家用电器等直流负荷接入微电网，但在目前的工业生产与实际生活中，交流负荷仍然占绝大多数，且在今后相当长时期内将是直流电与交流电消费并存的状态，单纯采用某一种供电形式的微电网难以满足实际需要，由此促进了交直流混合微电网的应用和发展。相对于单一的交流微电网或直流微电网，交直流混合微电网结构可充分考虑分布式电源及储能系统的输出特性以及负荷的供电需求，采用较少的能量变换装置分别满足直流和交流负荷需要，整个系统具备较高的能量传输效率，达到提升直流微电网和交流微电网稳定性效果，具有较高的经济性和可靠性。

交直流混合微电网是指含有交、直流母线及连接交、直流母线的互连变换器，既可以直接向交流负荷供电又可直接向直流负荷供电的微电网。也有学者定义交直流混合微电网为同时含有交流微电网和直流微电网的电力网络。与传统的交流微电网和直流微电网相对比，交直流混合微电网具有多方面的特点与优势：（1）可有效克服单纯交、直流微电网本身具有的局限性，更利于将不同类型的 DG、储能装置、负荷整合到配电网中；（2）交、直流母线之间装有专门的互连变换器装置，交、直流功率互相提供支撑和备用，可改善系统供电质量；（3）向交流负荷提供电能时，交流电源连接在交流母线上，直流电源连接在直流母线上对直流负荷直接供电，可减少电力变换设备个数，降低建设成本和运营损耗；（4）交流微电网和直流微电网互联使得整个系统的范围和容量变为两者之和，可使切负荷更加灵活和具有选择性，因而可增强微电网的接纳能力，及重要负荷的供电可靠性得到提升。交直流混合微电网的出现很好地解决了单一微电网的弊病。进一步地，交直流混合微电网是未来配用电系统的重要组成形式。因此，开展交直流混合微电网及其相关研究对提高我国分布式可再生能源的利用效率和促进电力科技发展具有重要的理论与现实意义。

交直流混合微电网由新加坡南洋理工大学王鹏教授领导的团队提出并开展了早期的相关研究。混合微电网含有交流和直流两个子网，两个子网的能量管理及整个微电网与大电网的协调控制是研究该微电网的关键。交直流混合微电网中两个子网间的双向 AC/DC 变换器及与储能电池所连的双向 DC/DC 变换器是至关重要的单元，这两个双向变换器必须与微电网协调工作，整个微电网系统才能以最优方式运行。近几年，国内外学术界对该微电网研究投入巨大力量，在结构模型、运行控制、可靠性及优化配置等方面进行了深入的研究且取得了一系列丰硕成果。文献[16] 首次在国际会议上提出交直流混合微电网的概念及拓扑结构，为解决直流子网供电下垂特性不统一的问题，通过引入标幺值，将交流子网 P-f 下垂特性与直流子网 P-v 下垂特性统一，并应用于交直流母线双向功率变换器的控制策略中，实现了交直流子网的功率平滑传输。也有研究建立了混合微电网中各分布式电源的模型，并详细设计了相应的控制策略。文献 [17] 阐述了交直流混合微电网是微电网发展的必然趋势，并详解了其独有的优点。

太原理工大学电力系统运行与控制山西省重点实验室自 2011 年引进王鹏博士作为山西"百人计划"特聘专家以来，一直致力于交直流混合微电网方面的相关研究。有学者提出一种带死区的直流子网储能系统下垂控制策略，有效降低了储能系统在直流母线电压稳定时的动作次数。也有学者提出一种适用于直流子网的超级电容—锂电池级联储能结构，此结构可以使超级电容快速补偿直流母线功率缺额的高频部分，蓄电池间接补偿母线功率缺额的低频部分，并有效减少锂电池充放电次数。有研究提出了直流子网分层协调控制策略，利用设定的下垂曲线特性，有效地协调直流子网中各分布式电源的动作方式。也有研究针对混合微电网中的交直流双向功率变换器，分别设计了其改进下垂控制策略及交流子网电压不平衡时的控制策略，提高了交直流子网功率交换性能。

目前交直流混合微电网拓扑方面的研究多集中在对某一特定结构上，图8-18所示为一理想交直流混合稳电网结构拓扑结构，按照交流微电网、直流微电网和大电网三者之间的连接关系，已有的交直流混合微电网拓扑可分为 3 类：其中，典型拓扑 I 为交直流混合微电网经由交流侧通过变压器接入大电网，可称之为交流耦合型，多应用在交流型分布式电源和负荷所占比例较大的地区；典型拓扑 II 为交直流混合微电网经由直流侧通过 DC/AC 逆变器接入大电网，可称之为交流解耦型，多应用在直流型分布式电源和负荷所占比例较大的地区。另外，电力电子变压器（Power Electric Transformer，PET）的发展也给交直流微电网互联提供了新的连接形式。PET 也可称为电子电力变压器（Electric Power Transformer，EPT）、固态变压器（Solid State Transformer，SST）、柔性变压器（Flexible Transformer，FT）和智能变压器（Intelligent Transformer，IT），是能够将不同电力特征的电能进行相互转换的新型智能变压器，并且具有电压调整、功率因数可控和无功补偿等特性，成为交直流微电网进行互联的首选设备。

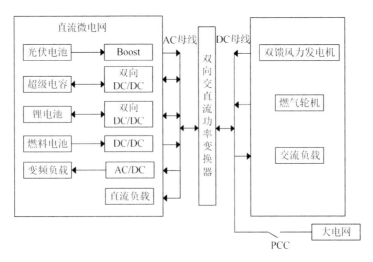

图 8-18　交直流混合稳电网系统结构

PET 由 3 部分组成：输入级、隔离变换级、输出级。其中，交流输入级采用 H 桥多电平拓扑，每相由 H 桥链接模块（H-bridge Module，HM）级联组成，三相 Y 连接，将高压工频交流电能变换为直流。隔离变换级采用双主动桥（Dual Active Bridge，DAB）拓扑，控制能量双向流动。输出级采用三相电压源型逆变拓扑（Voltage Source Inverter，VSI），可以与交流微电网连接，而直流输出侧连接直流母线，便于直流微电网的接入。PET 充当能量路由器，能够很好地协调好配电网 – 交流微电网 – 直流微电网三者之间的能量流动，该拓扑多应用在光伏发电、风力发电等交直流类型可再生能源分布较为集中以及直流负荷（计算机、LED 灯、通信设备、电动汽车等）应用较为广泛的区域。

8.6.1　交直流混合微电网运行控制

混合微电网研究领域中最关键的技术是其运行控制及能量管理，要保证孤岛和并网两种运行方式间无缝平滑切换；保证能量在直流和交流子网间的自动流动以协调两个子网的工作；保证微电网中各分布式电源都能做到"即插即用"，即它们的接入或者退出不对既有微电网系统造成影响。

微电网控制策略不同，对其运行效果将产生很大影响。不同的控制策略适合不同的工作模式。在单一逆变型微电网中，采用 V/f 控制微电网的频率和电压，这就构成主从结构的微电网；如果逆变器的微电网是由多个分布式电源组成，它们之间需采用下垂控制来共同调节微电网频率和电压，该种情况构成对等结构的微电网。主从结构微电网稳定性差，因为该种微电网主要取决于采用 V/f 控制的主逆变型分布式电源正常工作与否。对等结构的微电网每个微电源都是独立工作的，各微电源间协调配合以提高微电网供能的可靠性，因此采用下垂控制策略的分布式电源的接入或退出对整个系统的稳定性不会造成较大的影响。另外，微电网孤岛运行时如果各微电源和储能装置发电总和仍小于全部负载所需，那么就需对微电网中的可控负荷进行管理，只有这些可控负荷和所有微电源以及储能系统协调工作才能保证微电网在孤岛方式正常、稳定运行。

微电网中所有可再生资源的产生、转换及传输都需经过电力电子转换设备才能完成。微电网中的电力电子转换类型有多种，对于直流微电源，若想并入交流母线运行，必须进行并网接入，这样的直流电源有太阳能电池、燃料电池和储能电池蓄电池等。对于交流型微电源，若想并入交流母线或直流母线，一般先经交流-直流整流环节，把所发交流电转换为直流电，然后再经直流-直流或直流-交流以并入直流母线或交流母线，对于后者也可直接经交流-交流变换器并入交流母线，这种类型交流电源有微型燃气轮机、永磁同步风力及飞轮储能等。由此可见，电力电子技术在新能源接入微电网过程中扮演着重要角色。电力电子设备控制方法对分布式电源的稳定运行以及微电网的控制策略都有重要的影响，是微电网运行控制的重要基础。恒功率控制和下垂控制是微电网中分布式电源接口逆变器的常用控制方法。恒功率控制的基本思想是微电网在并网运行时，按照预先设定的有功及无功参数稳定地输出。下垂控制是多个微电源逆变器根据下垂控制的频率和电压，输出有功功率和无功功率。它们之间不需要交互信息，实现控制的成本较低。下垂控制也存在微电网运行频率有偏差、电能质量低等缺点。

8.6.2　混合微电网控制系统目标和典型拓扑

1. 控制系统目标

混合微电网控制系统的设计目标可分为：

（1）离网运行

1）维持交流微电网的电压和频率稳定。

2）维持直流微电网的电压稳定。

3）在混合微电网一方出现功率不平衡时，另一方能够提供必要的功率和电压支持，保证混合微电网中所有重要负荷的供电。

（2）并网运行

1）正常工况下，在保证混合微电网内部功率交换平衡的基础上，能够与大电网进行一定量的功率交换。

2）大电网出现短时接地故障时，混合微电网在保证不脱网运行的情况下，能向大电网提供一定量的无功和电压支撑，实现低（高）电压穿越。

2. 典型拓扑 I 控制方式

典型拓扑 I 中公共连接点（PCC）设置在交流母线侧，并网运行时，交流侧的电压和频率由大电网提供支持，因此，控制目标为维持直流母线电压稳定，以及控制微电网与大电网之间的功率交换。并网运行模式可以分为定功率运行和自由运行，离网运行时，互联变流器 (ILC) 可以参与两端电压调整而采用定电压控制，也可以仅作为两侧能量交换的桥梁而采用恒功率控制。

3. 典型拓扑 II 控制方式

典型拓扑 II 中 PCC 点设置在直流微电网侧，因此，离网情况下其控制方式与典型拓扑 I 类似，所不同的是并网运行模式时，其控制方式有所不同。在此进行简要分析。并网运行模式下，DC 母线电压由大电网通过双向 AC/DC 变流器进行控制，而交流微电网侧 AC 母线电压和频率的调节由 ILC、AC 侧的分布式电源和储能单元三者协调完成。具体来说，可分为并网定功率运行模式和并网自由运行模式两种，离网运行模式下，控制方式与典型拓扑 I 类似。

4. 典型拓扑 III 控制方式

典型拓扑 III 是建立在三端口 PET 基础之上的。借鉴分类方法，根据直流子微电网与 PET 之间的功率交换关系，对典型拓扑 III 的运行模式进行分类，可分为主动配电网控制模式、被动配电网控制模式及离网运行模式。

通过对 3 种典型拓扑控制方式的分析，可以看出交直流混合微电网稳定运行的关键是保证交流侧母线电压、频率以及直流侧母线电压的稳定。在并网运行时，微电网的电压可以由大电网提供，而在离网运行时，微电网内部电压的稳定控制主要由 ILC 和储能来承担，因此 ILC 和储能变流器之间的协调控制是实现控制目标的必要条件。为此，需要对大电网、互联变流器、储能单元之间的协调控制进行合理设计。

8.6.3　交直流混合微电网控制方式间的切换条件

以典型拓扑 I 为例，针对交直流混合微电网的运行模式之间和控制方式之间切换条件总结与分析。具体分为并网运行与离网运行之间的切换、并网运行中定功率运行与自由运行之间的切换以及离网运行中定直流电压运行与定交流电压运行之间的切换关系。

有研究指出通过对并网接口的控制，系统可以在并网和离网模式之间切换运行。在并网运行模式时，系统应满足以下 3 个要求：1）保持交流侧电压稳定和频率稳定以及直流侧电压稳定。2）最大化利用可再生能源。3）提高系统的能量转换效率。

为了达到这 3 个要求，提出的控制策略应满足：1）交流侧电压和频率由大电网提供支撑，直流侧电压由互联变流器提供支撑。2）分布式电源工作于最大功率运行模式，功率平衡由大电网维持。3）并网运行模式下，当直流侧处于功率平衡状态时，互联变流器处于待机模式，当直流侧微电源输出功率大于负荷消耗功率和蓄电池容量时，互联变流器处于逆变模式，反之则处于整流模式。而在离网运行模式下，系统内的功率平衡是通过控制储能单元的充放电实现的，直流电压由光伏逆变器和储能单元变流器共同控制，交流母线电压由互联变流器结合微型燃气轮机提供支撑。

我国在交直流混合微电网的研究方面尚处于起步阶段，在拓扑设计、协调控制、故障保护以及关键设备研制方面需要进一步研究，具体包括：

（1）微电网群之间的互联。未来微电网的发展方向是实现交流微电网、直流微电网和交直流混合微电网之间的互联，实现集中式或分布式能源生产、消耗、转换和存储等单元互联，提高可再生能源的稳定性、可调性及消纳量，显著提升经济效益。

（2）ILC 容量的选取。ILC 是连接交流部分和直流部分的关键设备，容量的大小关系到交直流两侧交换功率的规模，选取容量时，应综合考虑交直流两侧的负荷日曲线及分布式电源发电的日曲线。

（3）ILC 最优控制策略设计。ILC 是连接交直流微电网之间的桥梁，控制性能的优劣关系到交直流微电网之间的能量交换能否顺利进行。未来 ILC 的控制策略设计应充分考虑微电网的拓扑、内部特性、转换效率等因素。

（4）ILC 新型电路结构的设计。随着微电网容量的不断增大，互联母线的电压等级不断升高，必须对已有的电路结构进行串并联设计，提高 ILC 的容量和耐压等级。

（5）混合微电网的并离网切换技术。已有研究分别对交流微电网和直流微电网进行了详尽且深入的分析，而对于混合微电网的并离网切换技术尚未有较为深入的研究。尤其在考虑 ILC 多种运行模式的情况下，与单纯交直流微电网相比，混合微电网的分布式电源和负荷更加多样化、运行状态更加复杂，因此需要更加深入地研究混合微电网的并离网切换技术。

8.7 总　结

本章介绍了微电网稳定性相关的国内外有代表性的较新研究成果。首先，借鉴传统电力系统引入 PSS 抑制振荡的原理，介绍了在下垂方程中引入功率微分项的方法，该方法能够增加系统阻尼、抑制振荡，进而提高系统稳定性；然后介绍了提高直流微电网稳定性的并网换流器串联虚拟阻抗方法，建立了输出阻抗模型，并设计了虚拟阻抗的参数；介绍了微电网电压稳定裕度快速求取方法，包括其原理、求解步骤，并进行了算例分析；介绍了微电网的储能技术，包括储能的分类以及国内外研究现状，储能系统如何在微电网中发挥作用，对微电网稳定性有哪些影响；介绍了虚拟同步电机技术，包括其工作原理、输出特性、数学模型和控制方式，以及如何提高微电网稳定性；最后介绍了交直流混合技术的有关内容，包括其研究背景、系统结构、主要功能和控制方式。

参考文献

1. MOHAMED Y A I,EI-SAADANY E F.Adaptive decentralized droop controller to preserve power sharing stability of paralleled inverters in distributed generation microgrids[J]. IEEE Trans on Power Electronics, 2008, 23(6): 2806-2816.

2. 陈昕, 张昌华, 黄琦. 引入功率微分项下垂控制的微电网小信号稳定性分析 [J]. 电力系统自动化, 2017, 41(3): 46-53+116.

3. 伍文华, 陈燕东, 罗安, 等. 一种直流微网双向并网变换器虚拟惯性控制策略 [J]. 中国电机工程学报, 2017, 37(2): 360-371.

4. 朱晓荣, 谢志云, 荆树志. 直流微电网虚拟惯性控制及其稳定性分析 [J]. 电网技术, 2017, 41(12): 3884-3891.

5. 朱晓荣, 韩丹慧, 孟凡奇, 等. 提高直流微电网稳定性的并网换流器串联虚拟阻抗方法 [J]. 电网技术, 2019, 43(12): 4523-4531.

6. Catalina G Q,Antonio G E,Walter Vargas.Computation of Maximum Loading Points via the Factored Load Flow[J].IEEE Trans on Power System, 2016, 31(5): 4128-4134.

7. Catalina G Q,Antonio G E.Fast Determination of Saddle-Node Bifurcations via Parabolic Approximations in the In-feasible Region[J].IEEE Trans Power Syst, 2017, 32(5): 4153-4154.

8. Marcelo G M, Pedro E M.Power flow stabilization and control of microgrid with wind generation by superconducting magnetic energy storage[J]. IEEE Electrical Power Conference, 2012, 25(5): 69-74.

9. Tomonobu S, Endusa B M.Coordinated control of battery energy storage system and the diesel generator for isolated power system stabilization[J]. IEEE Electrical Power Conference, 2012, 21(3): 55-60.

10. Ami J, Mohammad S.Battery storage systems in electric power systems[J]. IEEE Electrical Power Conference, 2006, 17(4): 103-107.

11. 丁明, 杨向真, 苏建徽. 基于虚拟同步发电机思想的微电网逆变电源控制策略 [J]. 电力系统自动化, 2009, 33(08): 89-93.

12. Liu J, Miura Y, Ise T.Comparison of dynamic characteristics between virtual synchronous generator and droop control in inverter based distributed generators[J]. IEEE Transactions on Power Electronics, 2016, 31(5): 3600-3611.

13. Miguel A T L, Luiz A C L, Luis A M T, et al. Self-tuning virtual synchronous machine: a control strategy for energy storage systems to support dynamic frequency control[J]. IEEE Transactions on Energy Conversion, 2014, 29(4): 833-840.

14. 程冲, 杨欢, 曾正, 等. 虚拟同步发电机的转子惯量自适应控制方法 [J]. 电力系统自动化, 2015, 39(19): 82-89.

15. Jon A S,Salvatore D,Giuseppe G. Virtual synchronous machine-based control of a single-phase bidirectional battery charger for providing vehicle-to-grid services[J]. IEEE Transactions on Industry Applications, 2016, 52(4): 3234-3244.

16. Wang P, Liu X, Jin C, et al. A Hybrid AC/DC Microgrid Architecture, Operation and Control[C]//IEEE Power and Energy Society General Meeting, 2011: 1-8.

17. Wang P, Goel L, Liu X, et al. Harmonizing AC and DC: a hybrid AC/DC future grid solution[J]. IEEE Power and Energy Magazine, 2013, 11(3): 76-83.